東京大学工学教程

基礎系 数学
代数学

東京大学工学教程編纂委員会 編 　　國廣 昇 著

Algebra
SCHOOL OF ENGINEERING
THE UNIVERSITY OF TOKYO

丸善出版

東京大学工学教程

編纂にあたって

　東京大学工学部，および東京大学大学院工学系研究科において教育する工学はいかにあるべきか．1886 年に開学した本学工学部・工学系研究科が 125 年を経て，改めて自問し自答すべき問いである．西洋文明の導入に端を発し，諸外国の先端技術追奪の一世紀を経て，世界の工学研究教育機関の頂点の一つに立った今，伝統を踏まえて，あらためて確固たる基礎を築くことこそ，創造を支える教育の使命であろう．国内のみならず世界から集う最優秀な学生に対して教授すべき工学，すなわち，学生が本学で学ぶべき工学を開示することは，本学工学部・工学系研究科の責務であるとともに，社会と時代の要請でもある．追奪から頂点への歴史的な転機を迎え，本学工学部・工学系研究科が執る教育を聖域として閉ざすことなく，工学の知の殿堂として世界に問う教程がこの「東京大学工学教程」である．したがって照準は本学工学部・工学系研究科の学生に定めている．本工学教程は，本学の学生が学ぶべき知を示すとともに，本学の教員が学生に教授すべき知を示す教程である．

2012 年 2 月

2010–2011 年度
東京大学工学部長・大学院工学系研究科長　北　森　武　彦

東京大学工学教程
刊 行 の 趣 旨

　現代の工学は，基礎基盤工学の学問領域と，特定のシステムや対象を取り扱う総合工学という学問領域から構成される．学際領域や複合領域は，学問の領域が伝統的な一つの基礎基盤ディシプリンに収まらずに複数の学問領域が融合したり，複合してできる新たな学問領域であり，一度確立した学際領域や複合領域は自立して総合工学として発展していく場合もある．さらに，学際化や複合化はいまや基礎基盤工学の中でも先端研究においてますます進んでいる．

　このような状況は，工学におけるさまざまな課題も生み出している．総合工学における研究対象は次第に大きくなり，経済，医学や社会とも連携して巨大複雑系社会システムまで発展し，その結果，内包する学問領域が大きくなり研究分野として自己完結する傾向から，基礎基盤工学との連携が疎かになる傾向がある．基礎基盤工学においては，限られた時間の中で，伝統的なディシプリンに立脚した確固たる工学教育と，急速に学際化と複合化を続ける先端工学研究をいかにしてつないでいくかという課題は，世界のトップ工学校に共通した教育課題といえる．また，研究最前線における現代的な研究方法論を学ばせる教育も，確固とした工学知の前提がなければ成立しない．工学の高等教育における二面性ともいえ，いずれを欠いても工学の高等教育は成立しない．

　一方，大学の国際化は当たり前のように進んでいる．東京大学においても工学の分野では大学院学生の四分の一は留学生であり，今後は学部学生の留学生比率もますます高まるであろうし，若年層人口が減少する中，わが国が確保すべき高度科学技術人材を海外に求めることもいよいよ本格化するであろう．工学の教育現場における国際化が急速に進むことは明らかである．そのような中，本学が教授すべき工学知を確固たる教程として示すことは国内に限らず，広く世界にも向けられるべきである．2020 年までに本学における工学の大学院教育の 7 割，学部教育の 3 割ないし 5 割を英語化する教育計画はその具体策の一つであり，工学の

教育研究における国際標準語としての英語による出版はきわめて重要である.

　現代の工学を取り巻く状況を踏まえ，東京大学工学部・工学系研究科は，工学の基礎基盤を整え，科学技術先進国のトップの工学部・工学系研究科として学生が学び，かつ教員が教授するための指標を確固たるものとすることを目的として，時代に左右されない工学基礎知識を体系的に本工学教程としてとりまとめた．本工学教程は，東京大学工学部・工学系研究科のディシプリンの提示と教授指針の明示化であり，基礎（2年生後半から3年生を対象），専門基礎（4年生から大学院修士課程を対象），専門（大学院修士課程を対象）から構成される．したがって，工学教程は，博士課程教育の基盤形成に必要な工学知の徹底教育の指針でもある．工学教程の効用として次のことを期待している.

- 工学教程の全巻構成を示すことによって，各自の分野で身につけておくべき学問が何であり，次にどのような内容を学ぶことになるのか，基礎科目と自身の分野との間で学んでおくべき内容は何かなど，学ぶべき全体像を見通せるようになる.
- 東京大学工学部・工学系研究科のスタンダードとして何を教えるか，学生は何を知っておくべきかを示し，教育の根幹を作り上げる.
- 専門が進んでいくと改めて，新しい基礎科目の勉強が必要になることがある．そのときに立ち戻ることができる教科書になる.
- 基礎科目においても，工学部的な視点による解説を盛り込むことにより，常に工学への展開を意識した基礎科目の学習が可能となる.

東京大学工学教程編纂委員会　　委員長　大久保　達　也

幹　事　吉　村　　忍

基礎系 数学

刊行にあたって

　数学関連の工学教程は全 17 巻からなり，その相互関連は次ページの図に示すとおりである．この図における「基礎」，「専門基礎」，「専門」の分類は，数学に近い分野を専攻する学生を対象とした目安であり，矢印は各分野の相互関係および学習の順序のガイドラインを示している．その他の工学諸分野を専攻する学生は，そのガイドラインに従って，適宜選択し，学習を進めて欲しい．「基礎」は，ほぼ教養学部から 3 年程度の内容ですべての学生が学ぶべき基礎的事項であり，「専門基礎」は，4 年生から大学院で学科・専攻ごとの専門科目を理解するために必要とされる内容である．「専門」は，さらに進んだ大学院レベルの高度な内容で，「基礎」，「専門基礎」の内容を俯瞰的・統一的に理解することを目指している．

　数学は，論理の学問でありその力を訓練する場でもある．工学者はすべてこの「論理的に考える」ことを学ぶ必要がある．また，多くの分野に分かれてはいるが，相互に密接に関連しており，その全体としての統一性を意識して欲しい．

＊　　　＊　　　＊

　代数学は，数と式の取り扱いを出発点とし，その本質を抽象化，公理化して，より一般的な枠組みを構築する．抽象化の結果，整数や多項式といった古くから馴染みのある対象ばかりでなく，有限体の様な人工的な概念も自然に取り扱うことができる．この様に考察の対象を拡げて行く代数学の特性は，所望の目的を達成するための構造を新たに設計するという工学の基本的な方向性と相性が良く，特に，符号理論，暗号理論といった現代の情報通信技術の根幹となる分野で，その威力が発揮されている．本書では，代数系の基礎理論を丁寧に解説することによって，代数的な概念構成の手法を示し，より発展的な内容への準備を与える．

東京大学工学教程編纂委員会
数学編集委員会

viii　基礎系 数学　刊行にあたって

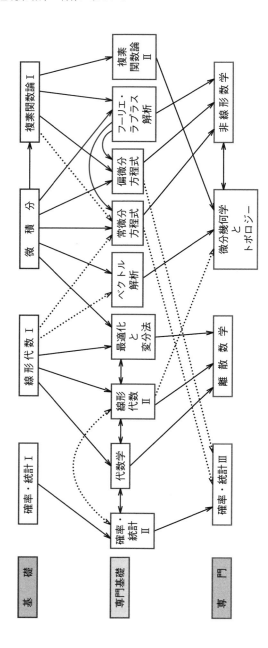

工学教程（数学分野）の相互関連図

目　　次

はじめに 1

1 代　数　系 3
1.1 集　　合 3
1.2 代　数　系 5
1.2.1 算　　法 5
1.2.2 単位元, 逆元 8
1.2.3 代表的な代数系 9
1.3 数　の　体　系 13
1.3.1 自　　然　　数 13
1.3.2 有　　理　　数 17
1.3.3 実　　　数 17
1.3.4 複　　素　　数 18

2 写像と関係 21
2.1 写　像　の　定義 21
2.1.1 同　　　型 23
2.2 関　　係 25
2.2.1 2 項　関　係 25
2.2.2 同　値　関　係 25
2.2.3 順　序　関　係 29

3 初　等　整　数　論 39
3.1 整数に関する基本的な性質 39
3.2 素数, 剰余類 43
3.3 Euclidの互除法 45

x　目　　次

　　3.4　Fermatの小定理 49

4　1変数多項式 **55**
　　4.1　多　　項　　式 55
　　4.2　既　　約　　性 60
　　4.3　多項式に対する Euclid の互除法 61
　　4.4　1変数多項式の終結式 62

5　群 **65**
　　5.1　群　　と　　は 65
　　5.2　群　と　対　称　性 69
　　　　5.2.1　対称群（置換対称性） 69
　　　　5.2.2　点　　　　群 74
　　5.3　群　の　構　造 76
　　　　5.3.1　部　　分　　群 76
　　　　5.3.2　剰　　余　　類 79
　　　　5.3.3　正　規　部　分　群 81
　　　　5.3.4　群の準同型定理 84
　　　　5.3.5　直　　積　　群 91
　　5.4　巡　　回　　群 94
　　5.5　モノイド，半群からの群の構成 99
　　　　5.5.1　単元の集合からなる群 99
　　　　5.5.2　分　　数　　群 99

6　環 **105**
　　6.1　環　　と　　は 105
　　6.2　イ　デ　ア　ル 111
　　　　6.2.1　イデアルと剰余環 111
　　6.3　整　　　　域 116
　　　　6.3.1　Euclid 整域と単項イデアル整域 117
　　　　6.3.2　一　意　分　解　整　域 120

目　　次　　xi

7　体 **127**

　7.1　体　の　定　義 127

　　　7.1.1　超越拡大体，代数拡大体，最小多項式 129

　　　7.1.2　順　　序　　体 132

　　　7.1.3　代　数　的　閉　体 133

　　　7.1.4　斜　　　　　体 134

　7.2　有　　限　　体 134

　　　7.2.1　有限体の元の表現法 136

8　多変数多項式 **141**

　8.1　多変数多項式の準備 141

　8.2　多変数多項式の終結式 142

　8.3　Gröbner　基　底 144

　　　8.3.1　単　項　式　の　順　序 145

　　　8.3.2　多変数多項式の剰余 148

　　　8.3.3　Gröbner　基底の応用 152

参　考　文　献 **155**

お　わ　り　に **157**

索　　　　引 **159**

は じ め に

　本書は「代数学」について解説することを目的としている．できるだけ数学としての論理展開の厳密性を失うことなく，応用に使いやすい形での説明を目指している．

　代数学，特に初等整数論，巡回群や有限体の理論は，符号理論や暗号理論などの現代の通信に関する理論では必須となっている．実際，自然数の素因数分解の困難さに安全性をおく RSA 暗号は世界中で用いられているし，誤り訂正符号の BCH 符号は有限体の理論をもとに構成している．

　本書では，応用に関してはあまりページを割かず，できるだけ代数学に関する必須の事柄に絞った説明を行った．

　第 1 章では，代数系の基本的な事柄の説明を行っている．集合および算法から議論をはじめ，群，環，体にもごく簡単に触れる．

　第 2 章では，写像に関して復習を行った後，同値関係，順序関係などの「関係」を説明している．特に同値関係は，3 章以降の剰余類の議論の中心的役割を果たす．本書では，順序関係は主に 2 章でのみ扱うこととし，組成列に関する理論を説明している．

　第 3 章では，整数に関する初等的な理論（中国式剰余定理や Fermat（フェルマー）の小定理など）を取り扱う．整数全体の集合は後の章で取り扱う群や環の構造をもっている．理論的に興味深いだけでなく，現在の安全な通信を支える暗号理論にもつながっている．

　第 4 章では，1 変数の多項式に限定した上で理論展開を行っている．1 変数に限定した多項式では，いくつかの議論を 3 章と平行して進めることができる．これは，商と余りが自然な形で定義されることによる．その一方で，2 変数以上の多項式とは異なる様相を見せる．

　第 5 章では，算法を 1 つだけもつ最も基本的な代数系「群」を取り扱う．対称群，点群などのいくつかの群の紹介をする．ついで，群の理論の中で中心的な役割をもつ正規部分群を導入し，剰余群を説明する．さらに群の準同型写像を導入

－ 1 －

2　　は じ め に

し，それに付随したいくつかの定理を示す．

　第 6 章では，2 つ（加法と乗法）の算法をもつ最も基本的な代数系「環」を取り扱う．環は加法に対しては可換群となるが，乗法に対しては半群になることしか要請していない．また，2 つの算法は独立ではなく，分配法則により密接に結ばれている．群においては正規部分群が重要であるように，環においてはイデアルが重要である．

　第 7 章では，環であり，さらに零元以外の元が逆元をもつような代数系「体」を扱う．体は足し算，引き算，掛け算，割り算がすべて装備されている代数系である．位数が無限の体は，複素数体，実数体など，他の数学の分野でもなじみ深い．有限体の理論は，誤り訂正符号や暗号通信などの実社会での通信にも活用されている．

　第 8 章では，多変数多項式の理論を展開する．1 変数多項式の場合とは異なり，商，剰余が自然な形では定義することができない．そのため，単項に順序構造を入れるなどの複雑な準備を行った上で，多項式による剰余を議論する．（1 変数多項式の場合では自明であった）剰余の一意性を議論するために，Gröbner（グレブナー）基底を導入する．

　本書では，数学としての論理を正確に記述することを心掛けた．証明は簡略な形であれ，他書では自明であるとして省略されることが多い箇所もできるだけ記載するようにした．また，何かの特徴を議論する上で，できるだけ少ない仮定で行うように心掛けた．例えば，群からではなく半群から議論を始めるなどしている．工学的な応用を考えた場合，できるだけ少ない仮定から議論を始めることにより，より効率的になることが期待できる．

1 代　数　系

　本章では，いくつかの代表的な**代数系**の導入を行う．代数系は，**集合**と集合に付随する**算法**の組で記述される．集合の議論から始め，代数系のもつ共通の性質を説明した後に，群，環，整域，体の特徴を簡単に述べる．最後に自然数，実数などのすでによく知っている数の体系について復習を行う．

1.1　集　　合

　集合とは，文字通り要素の集まりのことである．集合の構成要素を**元**とよぶ．元 x が集合 A に含まれているとき，$x \in A$ と書くことにする．2 つの集合 A, B に対して，A に含まれる元すべてが B に含まれるとき（すなわち，任意の $x \in A$ に対して $x \in B$ であるとき），A は B の**部分集合**であるという．このとき，記号として $A \subseteq B$ と書く．特に $A \neq B$ であるときには，A は B の**真部分集合**であるといい，$A \subset B$ と書くことにする[*1]．また，元を 1 つも含まない集合を**空集合**とよび，$\emptyset$ と記述することにする．

　元の個数が有限であるような集合を**有限集合**とよび，無限の集合を**無限集合**とよぶ．有限集合 A に対して A の元の個数を $|A|$ で表すことにする．

　集合 A と集合 B が等しいということは，$A \subseteq B$ かつ $B \subseteq A$ であることと等価である．そのため $A = B$ であることを示すには，$x \in A$ のときに $x \in B$，かつ $x \in B$ のときに $x \in A$ を示すことがよく使われる．また，A, B が有限集合である場合には，$|A| = |B|$ かつ $A \subseteq B$ であることを示せば十分である．

　集合 E の元で，E の部分集合 A に含まれない元全体の集合を

$$\bar{A} = \{x \in E \mid x \notin A\}$$

で記述する．$\bar{A}$ を A の**補集合**という．E の部分集合 A, B に対して，$\cup, \cap, \setminus$ を

$$A \cup B = \{x \in E \mid x \in A \text{ または } x \in B\},$$

[*1] テキストによっては，A が B の部分集合であるとき $A \subset B$ と書くこともある．その場合，A が B の真部分集合であることを $A \subsetneq B$ と書く．本書でも真部分集合であることを強調したい場合には $\subsetneq$ と書くことがある．

－ 3 －

4   1 代 数 系

$$A \cap B = \{x \in E \mid x \in A \text{ かつ } x \in B\},$$
$$A \setminus B = \{x \in E \mid x \in A \text{ かつ } x \notin B\}$$

と定義する．$A \cup B$ を A と B の**和集合**，$A \cap B$ を A と B の**積集合**，$A \setminus B$ を A と B の**差集合**という．

集合に関しては，次の **de Morgan**（ド・モルガン）**の法則**が有名である．

定理 1.1 E を集合とし，A, B を E の部分集合とする．このとき，

$$\overline{A \cap B} = \overline{A} \cup \overline{B},$$
$$\overline{A \cup B} = \overline{A} \cap \overline{B}$$

が成り立つ．

例 1.1 $E = \{a, b, c, d, e\}, A = \{a, b, c\}, B = \{c, d\}$ とする．このとき，$A \cup B = \{a, b, c, d\}, A \cap B = \{c\}$ であり，

$$\overline{A \cap B} = \{a, b, d, e\},$$
$$\overline{A} \cup \overline{B} = \{d, e\} \cup \{a, b, e\} = \{a, b, d, e\},$$
$$\overline{A \cup B} = \{e\},$$
$$\overline{A} \cap \overline{B} = \{d, e\} \cap \{a, b, e\} = \{e\}$$

となる．確かに de Morgan の法則が成立している．◁

また，A, B が有限集合のとき $A \cup B$ と $A \cap B$ の元の個数の間には，関係式

$$|A \cup B| = |A| + |B| - |A \cap B| \tag{1.1}$$

が成り立つ．

例 1.2 $A = \{a, b, c\}, B = \{c, d\}$ とする．このとき，$A \cup B = \{a, b, c, d\}, A \cap B = \{c\}$ である．いま，$|A \cup B| = 4, |A \cap B| = 1$ である．$4 = 3 + 2 - 1$ であるので，確かに，式 (1.1) が成立している．◁

次に，集合の**直積**を定義する．2 つの集合 A, B に対して集合 $A \times B$ を

$$A \times B = \{(a, b) \mid a \in A, b \in B\}$$

で定義する．この定義は一般の 3 個以上の集合にも拡張することができる．n 個の集合 $A_1, \ldots, A_n$ に対して集合 $A_1 \times \cdots \times A_n$ を

$$A_1 \times \cdots \times A_n = \{(a_1, \ldots, a_n) \mid a_i \in A_i\}$$

で定義する．

例 1.3 集合 $A_1 = \{a_{11}, a_{12}\}, A_2 = \{a_{21}, a_{22}, a_{23}\}, A_3 = \{a_{31}\}$ とする．このとき，

$$\begin{aligned} A_1 \times A_2 \times A_3 = & \{(a_{11}, a_{21}, a_{31}), (a_{12}, a_{21}, a_{31}), (a_{11}, a_{22}, a_{31}), \\ & (a_{12}, a_{22}, a_{31}), (a_{11}, a_{23}, a_{31}), (a_{12}, a_{23}, a_{31})\} \end{aligned}$$

である．　　　　　　　　　　　　　　　　　　　　　　　　　　　　　　　　$\triangleleft$

1.2　代　　数　　系

1.2.1　算　　　法

算法には内算法と外算法がある．

定義 1.1 E を集合とし，$A \subseteq E \times E$ とする．写像[*2]$\circ : A \to E$ のことを A を定義域とする**内算法**という．特に，定義域 A が $E \times E$ に一致する内算法は，E の全域で定義される，もしくは算法が E で**閉じている**という．

定義 1.2 E を集合とし，Ω をまた別の集合とする．写像 $\diamond : \Omega \times E \to E$ を，Ω を作用域とする**外算法**という．

$(a, b) \in A (\subseteq E \times E)$ に対して，写像 $\circ$ の像 $\circ(a, b)$ のことを $a \circ b$ と書くこととする．例えば，$+(a, b)$ のことを $a + b$ と書く．多くの場合，この記述の方が標準的であり，本書でも $a \circ b$ という記述を採用する．

$(\alpha, b) \in \Omega \times E$ に対して，写像 $\diamond$ の像 $\diamond(\alpha, b)$ のことを $\alpha \diamond b$ とも書く．同様にこちらの方が標準的な記法である．

[*2]　写像に関しては，2.1 節で扱う．

6   1 代 数 系

定義 1.3 集合 E 内にいくつかの内算法 $\circ_1, \circ_2, \ldots, \circ_m$ と外算法 $\diamond_1, \diamond_2, \ldots, \diamond_n$ が定義されているとき，集合と算法の組 $(E, \circ_1, \circ_2, \ldots, \circ_m, \diamond_1, \diamond_2, \ldots, \diamond_n)$ を**代数系**または**代数構造**とよぶ.

本書では，内算法を 1 つ，もしくは 2 つもつ代数系を扱うことが多い.
　次に，内算法に関するいくつかの定義を導入する.

定義 1.4 E の全域で定義された内算法 $\circ$ が，任意の $a, b, c \in E$ に対して

$$(a \circ b) \circ c = a \circ (b \circ c)$$

という性質をもつとき，算法 $\circ$ は**結合法則**を満たす，もしくは $\circ$ は**結合的である**という.

　算法 $\circ$ が結合的であるとき，どちらの $\circ$ を先に計算しても結果が同じであることが保証される．つまり，括弧 ( ) をどのようにつけても結果は同じとなる．このとき，括弧を記述せずに $a \circ b \circ c$ と書いてもよい.
　また，$\circ$ が結合的である場合には，任意の n に対して

$$((((a_1 \circ a_2) \circ a_3) \circ a_4) \cdots) \circ a_n$$

を

$$a_1 \circ a_2 \circ a_3 \circ a_4 \circ \cdots \circ a_n$$

と書いてもよく，意味をもつ範囲でどのように括弧をつけても計算結果は同じになる.
　本来の定義では，写像 $\circ$ は 2 つの元を引数とする内算法であるが，定義を少し拡大解釈することにする．いま，$A \subseteq E, B \subseteq E$ に対して，$A \circ B$ を

$$A \circ B = \{a \circ b \mid a \in A, b \in B\}$$

で定義する．特に，$A = \{a\}$ のように元を 1 つのみもつ場合には，

$$a \circ B = \{a \circ b \mid b \in B\}$$

と書くことにする．同様に，$A \subseteq E, b \in E$ に対して，$A \circ b$ を，

$$A \circ b = \{a \circ b \mid a \in A\}$$

と定義する．ここで，$a \circ B, A \circ b, A \circ B$ は，すべて集合であることに注意された
い．この記述は $\circ$ が結合的であるときには，より一般の場合に拡張することがで
きる．例えば，$a, c \in E, B \subseteq E$ に対して

$$a \circ B \circ c = \{ a \circ b \circ c \mid b \in B \}$$

などである．

E の部分集合 A, B に対して $A = B$ であるとすると，任意の $a \in E$ に対して
$a \circ A = a \circ B$ である．

定義 1.5 任意の $a, b \in E$ に対して $a \circ b = b \circ a$ が満たされるとき，算法 $\circ$ は**可換**であるという．

例 1.4 実数の集合 $\mathbb{R}$ の通常の意味での加法 $+$ は，結合的かつ可換である．例え
ば $(3+2)+5 = 3+(2+5) = 10$ であり，括弧のつけ方によらず結果は同一であ
る．$3+2 = 2+3 = 5$ であり，可換である．また，通常の意味での乗法 $\times$ も結合
的であり，かつ可換である． ◁

例 1.5 実数値を成分とする 2 つの行列に対して型が同じであれば，和は結合的
であり，可換である．その一方で，積は結合的であるが一般に可換ではない．例
えば，

$$\begin{pmatrix} 1 & 0 \\ -1 & -1 \end{pmatrix} \begin{pmatrix} 0 & 1 \\ -1 & 1 \end{pmatrix} = \begin{pmatrix} 0 & 1 \\ 1 & -2 \end{pmatrix}$$

であるが，

$$\begin{pmatrix} 0 & 1 \\ -1 & 1 \end{pmatrix} \begin{pmatrix} 1 & 0 \\ -1 & -1 \end{pmatrix} = \begin{pmatrix} -1 & -1 \\ -2 & -1 \end{pmatrix}$$

である． ◁

例 1.6 自然数 a, b に対して $a \circ b$ を，a を b で割った余りと定義する．このとき，
$\circ$ は結合的でなく，可換でもない． ◁

8   1 代 数 系

1.2.2 単位元，逆元

ここでは単位元，逆元を定義し，いくつかの性質を示す.

定義 1.6 任意の $a \in E$ に対して $e \circ a = a \circ e = a$ を同時に満たす $e \in E$ を E の内算法 $\circ$ に対する**単位元**という.

定理 1.2 1 つの算法に対して単位元は高々 1 個である.

(証明) e と e' がともに単位元であるとする. このとき，e が単位元であることにより $e \circ e' = e'$ となる. また，e' が単位元であることにより $e \circ e' = e$ となる. これより $e = e'$ となり，単位元は高々 1 個である.   ■

単位元 e は，$e \circ e = e$ を満たす. このように，$x \circ x = x$ となる x は一般に**べき等元**とよばれる.

定義 1.7 $e \in E$ を単位元とする. $a, b \in E$ の間に $a \circ b = b \circ a = e$ の関係があるとき，b を内算法 $\circ$ に対する a の**逆元**という. 同様に，a は b の逆元である.

定理 1.3 結合的な算法において逆元は高々 1 個である.

(証明) b と c がともに a の逆元であるとする. このとき $a \circ b = e, c \circ a = e$ が成り立つ. 結合法則より $c \circ a \circ b = (c \circ a) \circ b$ となるが，$c \circ a = e$ であるので，$c \circ a \circ b = e \circ b = b$ である. また，$c \circ a \circ b = c \circ (a \circ b) = c \circ e = c$ である. よって，$b = c$ である. したがって，逆元は高々 1 個である.   ■

注意 1.1 x の逆元を通常 x^{-1} と書く. ただし，内算法を $+$ と記述するとき x の逆元を $-x$ と書くことが多い.   ◁

$e \circ e = e$ であるので，単位元 e の逆元は，e 自身となる.

定義 1.8 逆元をもつ元を**可逆元**もしくは，**単元**とよぶ. $(E, \circ)$ に対して可逆元の集合を，特に E^* と書くことにする.

1.2 代　数　系　9

定理 1.4 $(E, \circ)$ が結合法則を満たすとする．このとき，任意の単元 $x \in E^*$ に対して $(x^{-1})^{-1} = x$ である．すなわち，逆元の逆元はもとの元である．これより，単元の逆元もまた単元である．

(証明) x の逆元を y とする．このとき，$x \circ y = y \circ x = e$ であるので，y の逆元は x である．いま，定理 1.3 より y の逆元は高々1 個しか存在しないので，y の逆元は x のみである．よって，x^{-1} の逆元は x となる． ■

定理 1.5 $(E, \circ)$ は結合的であるとし，$a, b \in E^*$ とする．このとき，$a \circ b$ にも逆元が存在し，$a \circ b$ の逆元は $b^{-1} \circ a^{-1}$ となる．

(証明) 結合法則より，$(a \circ b) \circ (b^{-1} \circ a^{-1}) = a \circ (b \circ b^{-1}) \circ a^{-1} = a \circ a^{-1} = e$ となる．また，同様に $(b^{-1} \circ a^{-1}) \circ (a \circ b) = e$ である．以上より，$(a \circ b)^{-1} = b^{-1} \circ a^{-1}$ である． ■

　本書では，ほとんどの箇所で内算法のみを扱う．ここでは簡単に，外算法について触れる．いま，n 次元の実数ベクトルの集合を $\mathbb{R}^n$ で書くことにする．$k \in \mathbb{R}, \boldsymbol{x} \in \mathbb{R}^n$ に対して，写像 $\diamond$ を

$$k \diamond \boldsymbol{x} = k\boldsymbol{x}$$

と定義することにする．ここで，右辺の $k\boldsymbol{x}$ は通常のベクトルのスカラー倍である．このとき，$\diamond$ は $\mathbb{R}$ を作用域とする外算法となる．

1.2.3　代表的な代数系

　ここでは，内算法のみをもつ代表的な代数系を説明する．本書では，複素数の集合を $\mathbb{C}$，実数の集合を $\mathbb{R}$，有理数の集合を $\mathbb{Q}$，整数の集合を $\mathbb{Z}$，自然数の集合を $\mathbb{N}$ で書くことにする．また，非負整数の集合 $\mathbb{N} \cup \{0\}$ を特に $\mathbb{Z}_{\geq 0}$ と書くことにする．

定義 1.9 全域で定義された結合的な内算法をもつ代数系を**半群**という．

定義 1.10 単位元をもつ半群を**モノイド**という．

10   1 代 数 系

定義 1.11 モノイド E のすべての元が逆元をもつとき，E を**群**という.

定義 1.9–1.11 をまとめると，代数系 $(E, \circ)$ は以下を満たすとき群となる.

(1) 任意の $a, b \in E$ に対して，$a \circ b \in E$ である.
(2) 任意の $a, b, c \in E$ に対して，$(a \circ b) \circ c = a \circ (b \circ c)$ である.
(3) 任意の $a \in E$ に対して，$a \circ e = e \circ a = a$ を同時に満たす $e \in E$ が存在する.
(4) 任意の $a \in E$ に対して，$a \circ b = b \circ a = e$ となる $b \in E$ が存在する.

定義 1.12 群 $(E, \circ)$ において内算法 $\circ$ が可換（つまり任意の $a, b \in E$ に対して $a \circ b = b \circ a$）のとき，その群を**可換群**，もしくは **Abel**（アーベル）**群**とよぶ.

可換群の場合は，算法を $+$ で書くことも多い.
次に，環について説明する.

定義 1.13 代数系 $(E, +, \cdot)$ が以下の条件を満たすとき，$(E, +, \cdot)$ は**環**であるという.

(1) $(E, +)$ は可換群をなす.
(2) $(E, \cdot)$ は半群をなす.
(3) **分配法則**：任意の $a, b, c \in E$ に対して

$$a \cdot (b + c) = (a \cdot b) + (a \cdot c),$$
$$(a + b) \cdot c = (a \cdot c) + (b \cdot c)$$

が成り立つ.

特に，算法 $\cdot$ が可換な環を**可換環**という.

環の議論において，算法 $+$ を加法もしくは和，算法 $\cdot$ を乗法もしくは積とよぶ.
環の定義において，積の単位元の存在は必ずしも要請していないことに注意されたい[*3]. 通常，加法に対する単位元を**零元**といい，0 と書く. 乗法に対する単位元は，存在する場合には 1 と書くことが多い. 単に，環の単位元という場合には，乗法の単位元を指すことにする. 単位元をもつ可換環を**単位的可換環**とよぶ.

[*3] ただしテキストによっては，環の定義として積の単位元の存在を要請していることもあるので注意すること. どちらの流儀で定義をしているのかをよく確認することが重要である.

環 $(R, +, \cdot)$ において，任意の $a \in R$ に対して

$$0 \cdot a = (0 + 0) \cdot a = (0 \cdot a) + (0 \cdot a)$$

であるため，

$$0 \cdot a = a \cdot 0 = 0$$

が成立する．そのため，元 0 が積の逆元をもつことはない．環の場合も定義 1.8 と同様に，積の単位元をもつ環 $(R, +, \cdot)$ に対して，積に関する逆元をもつ元（可逆元とよぶ）の集合を R^* で記述する．

環 $(R, +, \cdot)$ において，$a, b \in R \setminus \{0\}$ が $a \cdot b = 0$ を満たすとき，a は**左零因子**とよび，b を**右零因子**とよぶ．左零因子と右零因子をまとめて**零因子**とよぶ．

定義 1.14 積の単位元をもつ環 $(R, +, \cdot)$ が零因子をもたないとき，$(R, +, \cdot)$ は**整域**であるという．

定義 1.15 環 $(K, +, \cdot)$ において $K \setminus \{0\}$ が乗法 $\cdot$ に関して群をなす（つまり，0 以外の任意の元が逆元をもつ）とき，K を**斜体**という．さらに，乗法に関して可換であれば**体**とよぶ．

例 1.7 自然数の集合 $\mathbb{N} = \{1, 2, 3, \ldots\}$ は通常の加法 $+$ に対して半群をなす．しかし単位元をもたないので，モノイドではない． ◁

例 1.8 非負整数の集合 $\mathbb{Z}_{\geq 0}$ は，加法 $+$ に関してモノイドをなす．このとき，0 が単位元である．しかし，$x \in \mathbb{N} \subset \mathbb{Z}_{\geq 0}$ に対して $x + y = 0$ となる $y \in \mathbb{Z}_{\geq 0}$ は存在しないため，逆元は存在しない．ただし $0 + 0 = 0$ であるので，0 は逆元 0 をもつ． ◁

例 1.9 $\mathbb{N}$ は乗法 $\times$ に関してモノイドをなす．すなわち，$\times$ は結合的であり，なおかつ単位元をもつ．単位元は 1 である．しかし，$x \in \mathbb{N} \setminus \{1\}$ に対して，$x \times y = 1$ となる $y \in \mathbb{N}$ は存在せず，逆元は存在しないため群とはならない． ◁

例 1.10 整数の集合 $\mathbb{Z}$ に対して，通常の加法 $+$ を考える．このとき単位元が存在し，それは 0 である．$n \in \mathbb{Z}$ の逆元は $-n$ である．つまり，$\mathbb{Z}$ は加法に関して群をなす．さらに，$+$ は可換であるので，$(\mathbb{Z}, +)$ は可換群である．整数の集合から

12   1 代 数 系

0 を除いた集合 $\mathbb{Z} \setminus \{0\}$ に対して通常の乗法 $\times$ を考える．$\mathbb{Z} \setminus \{0\}$ は乗法 $\times$ に関してモノイドをなす．また，$\times$ は可換である．ただし，すべての元が逆元をもつわけではないので，群にはならない．実際，逆元をもつのは ± 1 のみである．また，$+$ と $\times$ に関して分配法則が成立する．以上より，$(\mathbb{Z}, +, \times)$ は可換環をなす．これを**有理整数環**，もしくは単に**整数環**とよぶ．   ◁

例 1.11 有理数の全体 $\mathbb{Q}$，実数の全体 $\mathbb{R}$，複素数の全体 $\mathbb{C}$ は，通常の加法と乗法に関して体をなす．それぞれ，**有理数体**，**実数体**，**複素数体**という．   ◁

例 1.12 実数全体と記号 ∞ からなる集合 $A = \mathbb{R} \cup \{\infty\}$ を考える．$a, b \in A$ に対して算法 $\oplus, \otimes$ を次のように定義する．

$$a \oplus b = \begin{cases} \min(a, b) & (a, b \in \mathbb{R}) \\ a & (a \in \mathbb{R} \text{ かつ } b = \infty) \\ b & (a = \infty \text{ かつ } b \in \mathbb{R}) \\ \infty & (a = b = \infty) \end{cases}$$

$$a \otimes b = \begin{cases} a + b & (a, b \in \mathbb{R}) \\ \infty & (a = \infty \text{ または } b = \infty) \end{cases}$$

この代数系の特徴を見る前にいくつかの具体例を示す．$3 \oplus 5 = \min(3, 5) = 3, 3 \otimes 5 = 3 + 5 = 8$ である．また，$(3 \oplus 5) \otimes 2 = 3 \otimes 2 = 3 + 2 = 5$ であり，$(3 \otimes 2) \oplus (5 \otimes 2) = 5 \oplus 7 = \min(5, 7) = 5$ が成り立つ．

$\oplus, \otimes$ はともに結合的である．$\oplus, \otimes$ はともに単位元が存在し，それぞれ $\infty, 0$ が単位元である．実際に任意の $a \in \mathbb{R}$ に対して，$a \oplus \infty = \infty \oplus a = a$ であり，$\infty \oplus \infty = \infty$ である．また，$a \otimes 0 = 0 \otimes a = a$ であり，$\infty \otimes 0 = 0 \otimes \infty = \infty$ である．しかし，$\oplus, \otimes$ ともすべての元に逆元が存在するわけではない．より正確には，$\oplus$ に関しては ∞ のみに逆元が存在し，∞ 自身が逆元となる．その他の元には逆元は存在しない．$\otimes$ に関しては，$a \in \mathbb{R}$ の元には逆元が存在し，その元は $-a$ となる．その一方で ∞ には逆元は存在しない．また，任意の $a, b, c \in \mathbb{R}$ に対して

$$\min\{a, b\} + c = \min\{a + c, b + c\}$$

が成り立つため，分配法則 $(a \oplus b) \otimes c = (a \otimes c) \oplus (b \otimes c)$ が成り立つ．さらに a, b, c のうち，いずれかが ∞ であっても分配法則は成り立つため，結局この代数系では

分配法則が成り立つ．しかし，算法 $\oplus$ に対して逆元をもたない元が存在するため環にはならない． ◁

1.3 数 の 体 系

1.3.1 自 然 数

この項では，正の整数と 0 を合わせた集合 $\mathbb{Z}_{\geq 0}$ の要素を便宜的に自然数とよぶ．自然数は以下の**整列性**をもつ．

定理 1.6 任意の空でない自然数の部分集合は最小元をもつ．

整列性を形式的に記述する．

定理 1.7 S を空でない自然数の部分集合とする．このとき，すべての $x \in S$ に対して，$n \leq x$ を同時に満たす S の元 n が存在する．

整列性より，数学的帰納法の原理が導出される．

定理 1.8 (数学的帰納法の原理) 自然数の集合 S が次の 2 つの性質をもつとする．

性質 1 集合 S は 0 を含む．

性質 2 自然数 n が S に含まれるならば，$n+1$ も S に含まれる．

このとき，S は自然数の集合 $\mathbb{Z}_{\geq 0}$ と一致する．

(証明) $S' = \mathbb{Z}_{\geq 0} \setminus S$ とする．このとき，S' は自然数の部分集合となる．ここで，$S' \cup S = \mathbb{Z}_{\geq 0}$ かつ $S' \cap S = \emptyset$ であることに注意せよ．最終的には，$S' = \emptyset$ であることを示す．$S' \neq \emptyset$ とする．このとき，整列性より S' には最小元 n_0 が存在する．性質 1 より $n_0 \geq 1$ である．よって，$n_0 - 1 \in \mathbb{Z}_{\geq 0}$ である．n_0 が S' の最小元であるので，$n_0 - 1$ は S の元である．しかし，性質 2 より，$(n_0 - 1) + 1 = n_0$ は S の元となる．これは，n_0 が S' の元であることに矛盾する．よって，$S' = \emptyset$ であり，$S = \mathbb{Z}_{\geq 0}$ である． ∎

数学的帰納法の原理から，次の定理が成り立つ．

14   1 代　数　系

定理 1.9　各自然数 n について，命題 $P(n)$ が与えられていて，次の 2 つのことが示されたとする．

性質 1　$P(0)$ は正しい．

性質 2　$P(n)$ が正しいと仮定すれば，$P(n+1)$ も正しい．

このとき，命題 $P(n)$ はすべての自然数 n に対して正しい．

（証明）　$P(n)$ が正しいような n すべてからなる集合を S とする．性質 1, 2 より定理 1.8 の性質 1, 2 を満たす．よって，S は $\mathbb{Z}_{\geq 0}$ と一致する．したがって，$P(n)$ はすべての自然数 n に対して正しい．　　　　　　　　　　　　　　　■

　帰納法の 1 つの応用として次の**除法定理**を示す．

定理 1.10　a を自然数，b を正の整数とする．このとき，

$$a = bq + r$$

を満たす (q, r) がただ 1 組存在する．ただし，q は自然数であり，r は $0 \leq r < b$ を満たす非負整数である．

（証明）　まず，存在することを a についての帰納法により示す．$0 \leq a < b$ の場合を考える．このとき，$q = 0, r = a$ とすれば存在性が示される．次に，$a \geq b$ のときを考える．いま，$0 \leq a' < a$ となるすべての自然数 a' に対してある q', r' が存在して，$a' = q'b + r'$（ただし $0 \leq r' < b$）が成立すると仮定する．いま，$a - b < a$ であるので仮定より，ある q', r' が存在して $a - b = q'b + r'$（ただし $0 \leq r' < b$）が成立する．これより $a = b(q' + 1) + r'$ が成立する．よって，$0 \leq a' < a + 1$ に対して条件が成立する．以上より，任意の $a \geq 0$ に対して条件が満たす q, r が存在する．

　次に一意性を示す．いま，2 通り

$$a = bq_1 + r_1 \quad (q_1 \geq 0, 0 \leq r_1 < b)$$

$$a = bq_2 + r_2 \quad (q_2 \geq 0, 0 \leq r_2 < b)$$

と表現できたとする．このとき $b(q_1 - q_2) = r_2 - r_1$ が成立する．いま，$q_1 > q_2$ であるとする．$q_1 - q_2 \geq 1$ であるので，$r_2 - r_1 \geq b$ である．その一方で，仮定

より常に $r_2 - r_1 < b$ であるので，これは矛盾である．同様に，$q_1 < q_2$ と仮定しても矛盾が生じる．よって $q_1 = q_2$ である．このとき $r_1 = r_2$ となる．以上より，一意に表現される． ∎

証明において，割り算を用いていないことに注意されたい．

自然数の集合がもつ性質のいくつかが $\mathbb{Z}$ にも引き継がれる．例えば，a, b が自然数の場合だけでなく，負の数の場合にも同様の除法定理が成り立つ．

定理 1.11 a を整数とし，b は正の整数とする．このとき，

$$a = bq + r$$

を満たす (q, r) がただ 1 組存在する．ただし q は整数であり，r は $0 \leq r < b$ を満たす．

(証明) $a \geq 0$ のときは証明済みであるので，$a < 0$ のときの証明を行う．$-a > 0$ であるので，$-a = bq + r$（ただし，$0 \leq r < b$）を満たす (q, r) が唯一存在する．$r = 0$ であれば，$a = b(-q) + 0$ である．$r > 0$ のときは

$$a = -bq - r = -bq - b + (b - r) = b(-q - 1) + (b - r)$$

であり，$0 < b - r < b$ であるので，唯一存在する． ∎

自然数 a, b に対して，ある $k \in \mathbb{N}$ が存在して $a = kb$ となるとき，a は b で割り切れるという．このとき $b \mid a$ と書く．もしくは，a は b の**倍数**であるという．また，b は a の**約数**であるともいう．

定義 1.16 自然数 d が自然数 a, b 両方の約数であるとき，d は a, b の**公約数**であるという．公約数の中で値が最大な数を a, b の**最大公約数**とよぶ．a と b の最大公約数を通常 $\gcd(a, b)$ で記述する．

最大公約数 d は任意の公約数 d' で割り切れる．つまり，$d' \mid d$ が成り立つ．

例 1.13 12 と 18 の最大公約数は 6 である．実際，12 と 18 の公約数は $1, 2, 3, 6$ であるが，$1 \mid 6, 2 \mid 6, 3 \mid 6, 6 \mid 6$ である． ◁

16   1 代 数 系

定義 1.17 正の整数 a, b が $\gcd(a, b) = 1$ を満たすとき，a と b は**互いに素である**という．

例 1.14 12 と 17 の最大公約数は 1 である．実際，12 と 17 の公約数は 1 のみである．これより，12 と 17 は互いに素である． ◁

次に，最小公倍数を定義する．

定義 1.18 自然数 m が自然数 a, b 両方の倍数であるとき，m は a, b の**公倍数**であるという．公倍数の中で値が最小の数を a, b の**最小公倍数**とよぶ．a と b の最小公倍数を通常 $\mathrm{lcm}(a, b)$ で記述する．

最大公約数のときとは逆に，最小公倍数 m はすべての公倍数 m' を割り切る．つまり，$m \mid m'$ が成り立つ．

最大公約数と最小公倍数には次の関係がある．

定理 1.12 任意の $a, b \in \mathbb{N}$ に対して

$$ab = \gcd(a, b)\,\mathrm{lcm}(a, b) \tag{1.2}$$

が成立する．

最大公約数の値がわかれば $\mathrm{lcm}(a, b) = ab/\gcd(a, b)$ であるため，最小公倍数の計算が可能である．

例 1.15 $a = 12, b = 18$ を考える．$\gcd(12, 18) = 6, \mathrm{lcm}(12, 18) = 36$ である．実際に

$$ab = 12 \times 18 = 216$$

$$\gcd(12, 18)\,\mathrm{lcm}(12, 18) = 6 \times 36 = 216$$

であり，確かに式 (1.2) が成り立つ． ◁

整数を素数と -1 の積で表現したものを**素因数分解**とよぶ．任意の整数に対して，素因数分解は順番を除いて一意に定まる．詳しくは 3.1 節で述べる．

最後に，自然数の集合 $\mathbb{Z}_{\geq 0}$ はもたないが，整数の集合 $\mathbb{Z}$ がもつ性質を述べる．$\mathbb{Z}$ には加法に対する単位元 0 が存在する．さらに，任意の $\mathbb{Z}$ の元に対して加法に関する逆元が存在する．$\mathbb{Z}_{\geq 0}$ の元は一般に逆元をもたない．しかし，$-\mathbb{N}$ という集合を追加して考えると，すべての元が逆元をもつようになる．

1.3.2　有　理　数

有理数の集合 $\mathbb{Q}$ は通常の加法，乗法に対して体になる．加法に対する単位元は 0 であり，乗法に対する単位元は 1 である．任意の $q \in \mathbb{Q}$ は適切に $a \in \mathbb{Z}$ と $b \in \mathbb{Z} \setminus \{0\}$ を定めると，$\dfrac{a}{b}$ で表現できる．以降，スペースの都合上，$\dfrac{a}{b}$ を a/b と書くこともある．特に，$b > 0$，$\gcd(a, b) = 1$ という条件下では一意に表現が可能である．有理数 a/b において，a と b が互いに素であるとき，a/b は，**既約分数**であるという[*4]．

$a, b \neq 0$ とする．$q = a/b$ としたときに，q の乗法に関する逆元 q^{-1} は $q^{-1} = b/a$ となる．これは，$a/b \times b/a = ab/ab = 1$ であることによる．

1.3.3　実　　　数

実数の集合 $\mathbb{R}$ に対して，通常の加法，通常の乗法を導入すると体になる．

すべての有理数は実数である．$(a, b) \in \mathbb{Z} \times (\mathbb{Z} \setminus \{0\})$ に対して，有理数 a/b は $\mathbb{Z}$ を係数とする多項式 $bx - a$ の根となる．また，$\sqrt{2}$ も実数である．$\sqrt{2}$ は，$\mathbb{Z}$ を係数とする多項式 $x^2 - 2$ の根である．このように，ある 1 変数の整数係数多項式の根となる実数は**代数的数**とよばれる．この定義に従えば，π, e は代数的数ではない．代数的ではない実数は**超越数**とよばれる．

実数の重要な部分集合を説明する．m を平方数ではない正の整数とする．ここで $\sqrt{m}$ は整数ではないことに注意されたい．$a, b \in \mathbb{Z}$ として，$a + b\sqrt{m}$ で表現できる実数の集合を $\mathbb{Z}[\sqrt{m}]$ で書くことにする．また，$\mathbb{Z}[\sqrt{m}]$ の元 $a + b\sqrt{m}$ を，$(a, b) \in \mathbb{Z}^2$ で書くことにする．ここで，$(a, b), (c, d) \in \mathbb{Z}^2$ に対して，算法 $+$ と $\times$ を

$$(a, b) + (c, d) = (a + c, b + d),$$
$$(a, b) \times (c, d) = (ac + mbd, ad + bc)$$

で定義する．このとき，$(\mathbb{Z}^2, +, \times)$ は環となる．なお，これは $\mathbb{Z}[\sqrt{m}]$ での演算

$$(a + b\sqrt{m}) + (c + d\sqrt{m}) = (a + c) + (b + d)\sqrt{m},$$
$$(a + b\sqrt{m}) \times (c + d\sqrt{m}) = (ac + mbd) + (ad + bc)\sqrt{m}$$

[*4]　$b = 1$ のときも，便宜的に既約分数であるということにする．

18   1 代 数 系

に対応しており，実際に $(\mathbb{Z}[\sqrt{m}], +, \times)$ は環となる．

1.3.4 複 素 数

複素数の集合 $\mathbb{C}$ は i を虚数単位として，$a, b \in \mathbb{R}$ に対して $a + bi$ で記述できるものすべてからなる集合である．

2 つの複素数 $a + bi$ と $c + di$（ただし，$a, b, c, d \in \mathbb{R}$）に対して，$+$ と $\times$ は

$$(a + bi) + (c + di) = (a + c) + (b + d)i,$$

$$(a + bi) \times (c + di) = (ac - bd) + (ad + bc)i$$

で定義される．

複素数 $a + bi$ を形式的に $(a, b) \in \mathbb{R}^2$ で表現することにする．$(a, b), (c, d) \in \mathbb{R}^2$ に対して加法，乗法を

$$(a, b) + (c, d) = (a + c, b + d), \tag{1.3}$$

$$(a, b) \times (c, d) = (ac - bd, ad + bc) \tag{1.4}$$

と定義する．このとき，$(\mathbb{R}^2, +, \times)$ は体となる．なお，加法の単位元は $(0, 0)$ となり，積の単位元は $(1, 0)$ となる．(a, b) の加法に対する逆元 $-(a, b)$ は，$(-a, -b)$ となる．$(a, b) \neq (0, 0)$ に対して，(a, b) に対する積に関する逆元 $(a, b)^{-1}$ は，

$$(a, b)^{-1} = \left(\frac{a}{a^2 + b^2}, -\frac{b}{a^2 + b^2} \right) \tag{1.5}$$

となる．実際，

$$(a, b) \times \left(\frac{a}{a^2 + b^2}, -\frac{b}{a^2 + b^2} \right) = \left(a \cdot \frac{a}{a^2 + b^2} + b \cdot \frac{b}{a^2 + b^2}, a \cdot \left(-\frac{b}{a^2 + b^2} \right) + b \cdot \frac{a}{a^2 + b^2} \right)$$

$$= (1, 0)$$

である．また，$(0, 0)$ には逆元は存在しない．これは，通常の複素数での加法，乗法と同じである．

以下の説明では，乗法だけを取り上げる．複素数 $z = x + yi$（ただし，$x, y \in \mathbb{R}$）の**絶対値**を $|z| = \sqrt{x^2 + y^2}$ で定義する．絶対値が 1 となる複素数の集合を $T =$

$\{z \in \mathbb{C} \mid |z|=1\}$ で記述する．このとき，T は通常の乗法に関して，群となる．$z_1, z_2 \in T$ に対して $z = z_1 z_2$ の絶対値は $|z| = |z_1 z_2| = |z_1||z_2| = 1$ であるので，$z \in T$ である．また，単位元は $(1,0)$ である．(a,b) の絶対値が 1 であるとき，$a^2 + b^2 = 1$ を満たすことに注意すると，式 (1.5) より (a,b) の逆元は $(a,-b)$ となる（図 1.1）．

次に，多項式を用いた複素数の別の表現を行う．複素数 $a+bi$ を，変数 x を用いて形式的に $a + bx$ と書くことにする．$a+bx$ と $c+dx$ の和および積を，多項式の計算を行った後に多項式 x^2+1 で割った余りで定義する[*5]．このとき，

$$(a+bx) + (c+dx) = (a+c) + (b+d)x$$

である．さらに，

$$(a+bx)(c+dx) = ac + (ad+bc)x + bdx^2$$

であるが，これを x^2+1 で割った余りは，

$$(ac-bd) + (ad+bc)x$$

となる．$a+bx$ を (a,b) で表現すると，式 (1.3) および式 (1.4) の表現と一致する．

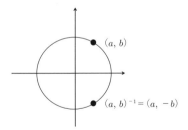

図 **1.1** (a,b) の逆元

[*5] 1 変数多項式に関しては，4 章で詳しく扱う．

2 写像と関係

本章では，写像および関係（同値関係，順序関係）について説明を行う．

2.1 写像の定義

定義 2.1 X, Y を 2 つの集合とする．X の各元に Y の 1 つの元を結びつける対応のことを X から Y への**写像**という．f が X から Y への写像であるとき，$f : X \to Y$ と書く．写像 f による x の像が $f(x)$ であることを，$x \mapsto f(x)$ と記述する．

定義 2.2 写像 $f : X \to Y$ を考える．

(1) 任意の $y \in Y$ に対して $f(x) = y$ となる $x \in X$ が存在するとき，写像 f は**全射**であるという．

(2) 任意の $x, x' \in X$ に対して「$f(x) = f(x')$ ならば $x = x'$」が満たされるとき，写像 f は**単射**であるという．

単射の定義として「$x \neq x'$ ならば $f(x) \neq f(x')$」を用いることもある．この 2 つの定義は等価である．

定義 2.3 全射かつ単射な写像を**全単射**もしくは**双射**という．

X, Y を有限集合とする．写像 $f : X \to Y$ が全射であるならば $|X| \geq |Y|$ である．写像 f が単射であるならば，$|X| \leq |Y|$ である．よって，全単射であるならば $|X| = |Y|$ となる．

定義 2.4 写像 $f : X \to Y$ および $A \subseteq X$ に対して，集合 $f(A)$ を

$$f(A) = \{ f(a) \in Y \mid a \in A \}$$

で定義する（図 2.1）．また，$B \subseteq Y$ に対して，集合 $f^{-1}(B)$ を

$$f^{-1}(B) = \{ a \in X \mid f(a) \in B \}$$

– 21 –

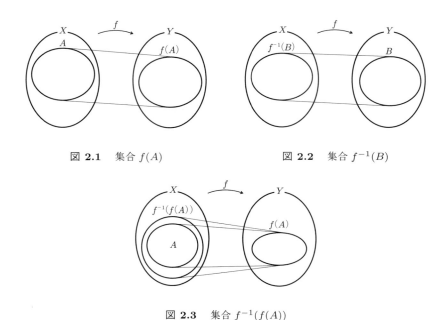

図 2.1 集合 $f(A)$

図 2.2 集合 $f^{-1}(B)$

図 2.3 集合 $f^{-1}(f(A))$

で定義する（図 2.2）．

注意 2.1 写像 $f: X \to Y$ に対して $f(X) = Y$ が成立すれば，f は全射である．◁

注意 2.2 写像 $f: X \to Y$ を考える．$A \subseteq X$ に対して $f(A) = B$ が成り立つ場合，$A \subseteq f^{-1}(B)$ は常に成り立つが，$f^{-1}(B) = A$ であるとは限らない．つまり，$x \in f^{-1}(f(A))$ だからといって必ずしも $x \in A$ になるとは限らない（図 2.3）．◁

例 2.1 写像 $f: \mathbb{R} \to \mathbb{R}$ を $f(x) = x^3$ とする．任意の $y \in \mathbb{R}$ に対して $x^3 = y$ となる x が存在するため f は全射である．$x, x' \in \mathbb{R}$ が $x^3 = x'^3$ を満たすとする．このとき，$x^3 - x'^3 = (x - x')(x^2 + xx' + x'^2) = 0$ より常に $x = x'$ を満たす．ここで，$x, x' \in \mathbb{R}$ では，$x^2 + xx' + x'^2 = 0$ を満たす x, x' は $(x, x') = (0, 0)$ のみであり，これは $x = x'$ に含まれることに注意せよ．以上より，f は単射である．よって，この写像 f は全単射である． ◁

例 2.2 写像 $f : \mathbb{R} \to \mathbb{R}$ を $f(x) = x^2$ とする. $y < 0$ のとき, $x^2 = y$ となる $x \in \mathbb{R}$ は存在しないので, f は全射ではない. x, x' が $f(x) = x^2 = x'^2 = f(x')$ を満たすとすると, $x^2 - x'^2 = (x - x')(x + x') = 0$ より, $x = \pm x'$ を満たす. よって, $x = x'$ であるとは限らないため, f は単射でもない. ◁

例 2.3 写像 $f : \mathbb{R} \to \mathbb{R}_{\geq 0}$ を $f(x) = x^2$ とする. ここで, $\mathbb{R}_{\geq 0}$ は $\mathbb{R}$ の部分集合で $\mathbb{R}_{\geq 0} = \{x \in \mathbb{R} \mid x \geq 0\}$ とする. このとき, $y \in \mathbb{R}_{\geq 0}$ に対しては $x^2 = y$ となる x は必ず存在するため, f は全射である. ◁

2.1.1 同　　型

定義 2.5 同数の内算法と外算法をもつ 2 つの代数系 $(E, \circ_1, \ldots, \circ_m, \diamond_1, \ldots, \diamond_n)$, $(E', \circ'_1, \ldots, \circ'_m, \diamond'_1, \ldots, \diamond'_n)$ に対して, 外算法 $\diamond_j$ と $\diamond'_j$ は, 同一の作用域 Ω_j をもち, 次の (1), (2) を満たす写像 $f : E \to E'$ があるとする.

(1) 任意の内算法 $\circ_i$ と任意の $(a, b) \in E \times E$ に対して, $a \circ_i b$ と $f(a) \circ'_i f(b)$ の一方が定まれば, 他方も定まり, かつ $f(a \circ_i b) = f(a) \circ'_i f(b)$ が成り立つ.

(2) 任意の外算法 $\diamond_j$ と任意の $(\alpha, b) \in \Omega_j \times E$ に対して, $f(\alpha \diamond_j b) = \alpha \diamond'_j f(b)$ が成り立つ.

このとき f を**準同型写像**という.

定義 2.6 $f : E \to E'$ が全単射の準同型写像であるとき f を**同型写像**という. 同型写像 f が存在するとき, 2 つの代数系 $(E, \circ_1, \ldots, \circ_m, \diamond_1, \ldots, \diamond_n)$ と $(E', \circ'_1, \ldots, \circ'_m, \diamond'_1, \ldots, \diamond'_n)$ は**同型**であるという.

　多くの場合, 写像自身よりも, 2 つの代数系が同型写像 f を橋渡しにして, 同型であること, つまり実質的に同じであることの方が重要である. 2 つの代数系 $(E, \circ_1, \circ_2, \ldots, \circ_m, \diamond_1, \diamond_2, \ldots, \diamond_n)$ と $(E', \circ'_1, \circ'_2, \ldots, \circ'_m, \diamond'_1, \diamond'_2, \ldots, \diamond'_n)$ が同型であるとき, 記法として

$$(E, \circ_1, \circ_2, \ldots, \circ_m, \diamond_1, \diamond_2, \ldots, \diamond_n) \cong (E', \circ'_1, \circ'_2, \ldots, \circ'_m, \diamond'_1, \diamond'_2, \ldots, \diamond'_n)$$

を用いることにする. 算法が明らかな場合は省略することとし, 簡単のため

$$E \cong E'$$

24   2 写像と関係

と書くことにする.

次に線形代数との関連を述べる. 適当な環 R 上で定義された $n \times m$ 行列 A, R 上で定義された m 次元ベクトル $\boldsymbol{x}, \boldsymbol{y}$ を考える. また, $k \in R$ とする. このとき, 写像を $\boldsymbol{x} \mapsto A\boldsymbol{x}$ で定義する. また, 通常のベクトルのスカラー倍を考える. このとき, よく知られているように

$$A(\boldsymbol{x} + \boldsymbol{y}) = A\boldsymbol{x} + A\boldsymbol{y}, \tag{2.1}$$
$$A(k\boldsymbol{x}) = k(A\boldsymbol{x})$$

が成り立つ. よって, A により生起される写像 $f : R^m \to R^n$ は準同型写像となる. 式 (2.1) において左辺の $+$ は m 次元ベクトルの和であり, 右辺の $+$ は n 次元ベクトルの和であり, 和の意味が異なる.

例 2.4 正の偶数の集合を $2\mathbb{N} = \{2n \mid n \in \mathbb{N}\}$ とする. $x \in \mathbb{N}$ に対して, その 2 倍 $2x$ を対応させる写像を f_2 とし, $f_2(x) = 2x$ で定義すると, 写像 f_2 は $\mathbb{N}$ から $2\mathbb{N}$ への全単射である.

$f_2(x + y) = 2(x + y) = 2x + 2y = f_2(x) + f_2(y)$ であるので, f_2 は準同型写像である. 以上より, f_2 は代数系 $(\mathbb{N}, +)$ から代数系 $(2\mathbb{N}, +)$ への同型写像である. さらに, これより $(\mathbb{N}, +)$ と $(2\mathbb{N}, +)$ は同型であることがわかる.

ここで, $2\mathbb{N} \subsetneq \mathbb{N}$ であるのにもかかわらず, $(\mathbb{N}, +)$ と $(2\mathbb{N}, +)$ は同型であることに注意されたい. 有限集合の場合には, このようなこと (片方がもう片方を真に含んでいるのにもかかわらず, 同型であること) は起こらない.   ◁

例 2.5 $B = \{0, 1\}$ とし, B の内算法 $+$ を

$$0 + 0 = 1 + 1 = 0, \quad 1 + 0 = 0 + 1 = 1$$

と定義する. また, 写像 $f(x)$ を, 自然数 x に対して, x を 2 で割った余りと定義する. f は $(\mathbb{N}, +)$ から $(B, +)$ への準同型写像である. 定義より, $f(x+y)$ は $x+y$ を 2 で割った余りであるが, $f(x) = f(y)$ のとき $f(x+y) = 0$ となり, $f(x) \neq f(y)$ のとき $f(x + y) = 1$ となる.   ◁

2.2 関　　係

2.2.1　2　項　関　係

定義 2.7 集合 E に対して，$E \times E$ の部分集合 R を E の上の **2 項関係**という．

　R を E の上の関係とする．$a, b \in E$ に対して $(a, b) \in R$ であることを aRb とも書くことにする．R の代わりに $\sim$ などを使うこともある．

　2 項関係に関するいくつかの性質に関して議論を行う．2 項関係の代表的な性質に以下のものがある．

反射律： 任意の $a \in E$ に対して，$(a, a) \in R$ が成り立つ．

対称律： 任意の $a, b \in E$ に対して，$(a, b) \in R$ ならば，$(b, a) \in R$ が成り立つ．

反対称律： 任意の $a, b \in E$ に対して，$(a, b) \in R$ かつ $(b, a) \in R$ ならば，$a = b$ が成り立つ．

推移律： 任意の $a, b, c \in E$ に対して，$(a, b) \in R$ かつ $(b, c) \in R$ であるならば，$(a, c) \in R$ である．

2.2.2　同　値　関　係

　ある関係が反射律，対称律，推移律を満たすとき，その関係は**同値関係**であるという．記号としては，$\sim$ と書くことにする．$\sim$ の代わりに，$\equiv$ を用いることもある．集合の記法に従えば $(a, b) \in\sim$ などとなるが，2 項演算の記法に従えば，$a \sim b$ と書くことになる．また，$a \sim b$ でないとき $a \not\sim b$ と書くことにする．

　2 項演算の記法に従えば，同値関係の定義は以下のようになる．

定義 2.8 集合 E の上の関係 $\sim$ が以下の 3 つの条件を満たすとき，$\sim$ を**同値関係**という．

(1) 任意の $a \in E$ に対して，$a \sim a$ が成り立つ．（反射律）

(2) 任意の $a, b \in E$ に対して，$a \sim b$ ならば $b \sim a$ が成り立つ．（対称律）

(3) 任意の $a, b, c \in E$ に対して，$a \sim b$ かつ $b \sim c$ ならば，$a \sim c$ が成り立つ．（推移律）

26   2 写像と関係

定義 2.9 関係 ～ を集合 E の上の同値関係とする．$a \sim b$ のとき，a と b は**同値**であるという．$a \in E$ に同値な元全体の集合は E の部分集合をなす．これを a の ～ に関する**同値類**といい，$\langle a \rangle_\sim$ で表す．つまり，

$$\langle a \rangle_\sim = \{ b \in E \mid b \sim a \}$$

である．E の ～ に関する同値類全体からなる集合を $E/\sim$ で表し，これを ～ に関する**商集合**という．

例 2.6 $E = \{a, b, c, d\}$ とする．関係 ～ を，

$$\sim = \big\{ (a,a), (b,b), (c,c), (d,d), (a,b), (b,a), (a,c), (c,a), (b,c), (c,b) \big\}$$

とすると，同値関係となっている．a の同値類は $\langle a \rangle_\sim = \{a, b, c\}$，$d$ の同値類は $\langle d \rangle_\sim = \{d\}$ である．よって，

$$E/\sim = \big\{ \langle a \rangle_\sim, \langle d \rangle_\sim \big\} = \big\{ \{a, b, c\}, \{d\} \big\}$$

となる．   ◁

以上の議論では，$E/\sim$ が単に（集合の）集合であることに注意したい．5 章および 6 章では，適切な条件下（定義 2.10 を参照）で適切に算法を導入することにより，群，環，体となることを述べる．

定理 2.1 同値類に関して以下が成り立つ．

(1) 任意の $a \in E$ に対して $a \in \langle a \rangle_\sim$．

(2) $b \in \langle a \rangle_\sim$ ならば $\langle a \rangle_\sim = \langle b \rangle_\sim$．

(3) $a \not\sim b$ ならば $\langle a \rangle_\sim \cap \langle b \rangle_\sim = \emptyset$．

（証明） 以下，順に証明を行う．

(1) 反射律より，任意の $a \in E$ に対して $a \sim a$ である．よって，$a \in \langle a \rangle_\sim$ が成り立つ．

(2) $b \in \langle a \rangle_\sim$ であるので $b \sim a$ である．$a' \in \langle a \rangle_\sim$ とすると，$a' \sim a$ である．$a' \sim b$ であるので $a' \in \langle b \rangle_\sim$ である．よって，$\langle a \rangle_\sim \subseteq \langle b \rangle_\sim$ である．逆に $a' \in \langle b \rangle$ とすると，$a' \sim a$ であるので $a' \in \langle a \rangle_\sim$ である．よって，$\langle b \rangle_\sim \subseteq \langle a \rangle_\sim$ である．以上より，$\langle a \rangle_\sim = \langle b \rangle_\sim$ である．

2.2 関　　係　　27

(3) $\langle a \rangle_\sim \cap \langle b \rangle_\sim \neq \emptyset$ とする．このとき，$x \in E$ が存在して $x \in \langle a \rangle_\sim \cap \langle b \rangle_\sim$ となる．$x \in \langle a \rangle_\sim$ なので $x \sim a$ となる．同様に $x \sim b$ となる．推移律より，$a \sim b$ となる．これにより矛盾が生じる．よって，$\langle a \rangle_\sim \cap \langle b \rangle_\sim = \emptyset$ である．　　∎

以下では記号の簡略化のため，$\sim$ を省略して $\langle a \rangle_\sim$ を $\langle a \rangle$ と書くことにする．

同値類に算法を導入する上で重要となる「内算法と同値類の両立」に関して説明する．

定義 2.10 集合 E の上の同値関係 $\sim$ と全域で定義された内算法 $\circ$ が与えられているとする．任意の $x, x', y, y' \in E$ に対して，「$x \sim x', y \sim y'$ ならば $x \circ y \sim x' \circ y'$」が成り立つとき，関係 $\sim$ と算法 $\circ$ は**両立**するという．

関係 $\sim$ と算法 $\circ$ が両立しているとする．算法 $\bar{\circ}$ を形式的に

$$\langle x \rangle \bar{\circ} \langle y \rangle = \langle x \circ y \rangle \tag{2.2}$$

と定義することとする．この $\bar{\circ}$ は，$E/\sim$ 内の「最も自然な」算法であろう．この算法が矛盾なく定義されるかどうかを考える．x, y の取り方によって右辺が指し示す同値類が異なっている場合には定義としては不適切である．$\sim$ と $\circ$ が両立しているとき，式 (2.2) は問題なく定義されることを確認する．

定理 2.2 関係 $\sim$ と算法 $\circ$ が両立しているとする．このとき，x の同値類 $\langle x \rangle$ と y の同値類 $\langle y \rangle$ に $x \circ y$ の同値類 $\langle x \circ y \rangle$ を対応させる算法 $\bar{\circ}$ は $E/\sim$ の中の内算法となる．

(証明) $x, x' \in \langle x \rangle, y, y' \in \langle y \rangle$ とする．このとき，$x \sim x', y \sim y'$ である．$\sim$ と $\circ$ は両立しているので，$x \circ y \sim x' \circ y'$ が成り立つ．このとき，$x \circ y, x' \circ y' \in \langle x \circ y \rangle$ であるので，代表元の取り方によらない．そのため，算法は適切に定義されている．　　∎

定義 2.11 $\sim$ を集合 E の上の同値関係として，$\diamond$ を Ω を作用域にもつ E の外算法とする．任意の $x, x' \in E, \alpha \in \Omega$ に対して，$x \sim x'$ ならば $\alpha \diamond x \sim \alpha \diamond x'$ も成り立つとき，関係 $\sim$ と算法 $\diamond$ は**両立**するという．

28 　 2 写 像 と 関 係

定理 2.3 関係 $\sim$ と算法 $\diamond$ が両立しているとする．このとき，α と $\langle x \rangle$ に $\langle \alpha \diamond x \rangle$ を対応させる算法は，作用 $\alpha \in \Omega$ と $E/\sim$ の元の間の外算法となる．

定義 2.12 代数系 E の中のすべての算法が E の中の同値関係 $\sim$ と両立するとき，これらの算法の商によって商集合 $E/\sim$ の上に定められる代数系を $\sim$ による E の **商構造**という．

　ここまでの議論で，同値類の集合 $E/\sim$ は同値関係と算法が両立するときには代数系となることが確認できた．

　内算法を 1 つだけもつ 2 つの代数系に関する準同型写像を考える．まず，定義 2.5 の特殊ケースとして，内算法を 1 つもつ準同型写像の定義を復習する．

定義 2.13 2 つの代数系 $(E, \circ), (F, \bar{\circ})$ と関数 $f : E \to F$ を考える．任意の $x, y \in E$ に対して，

$$f(x \circ y) = f(x) \bar{\circ} f(y)$$

が成り立つとき，f は（内算法を 1 つもつ）準同型写像であるという．

定理 2.4 (準同型写像によって生成される同値関係) f を代数系 $(E, \circ)$ から代数系 $(F, \bar{\circ})$ への準同型写像とする．$\circ$ は全域で定義されているとする．$x, y \in E$ に対して，$f(x) = f(y)$ のとき $x \sim y$ と定義する．このとき，$\sim$ は E の算法と両立する同値関係となる．

　上で定義される $\sim$ を準同型写像 f によって生成される同値関係という．

(証明) まず，$\sim$ が同値関係であることを確認する．任意の x に対して $f(x) = f(x)$ であるので $x \sim x$ が成立し，反射律を満たす．任意の x, y に対して $x \sim y$，つまり $f(x) = f(y)$ であれば，$f(y) = f(x)$ であるため，$y \sim x$ が成立する．そのため，対称律を満たす．$x \sim y$ かつ $y \sim z$ であるとする．このとき，$f(x) = f(y)$ かつ $f(y) = f(z)$ となる．よって，$f(x) = f(z)$ となる．ゆえに，$x \sim z$ が成立し，推移律を満たす．したがって，$\sim$ が同値関係となる（$\sim$ が同値関係であることを示す際には，f が準同型写像である性質は一切使っていないことに注意せよ）．

　次に，同値関係 $\sim$ と E の算法 $\circ$ は両立することを確認する．$x \sim x', y \sim y'$ とする．つまり，$f(x) = f(x'), f(y) = f(y')$ が成立すると仮定する．

$$f(x \circ y) = f(x) \bar{\circ} f(y) = f(x') \bar{\circ} f(y') = f(x' \circ y')$$

であるため $f(x \circ y) = f(x' \circ y')$ となる．よって，$x \circ y \sim x' \circ y'$ であり，$\sim$ と $\circ$ は両立する． ■

2.2.3 順 序 関 係

ある関係が，反射律，反対称律，推移律を満たすとき，その関係は，半順序関係であるという．記号としては $(E, \preceq)$ を用いることにする．集合の記述としては $(x, y) \in \preceq$ となるが，同値関係の場合と同様に，この場合も $x \preceq y$ と書くことにする．

まず，半順序関係を定義する．

定義 2.14 集合 E 上に関係 $\preceq$ が定義され，次が満たされているとき，$\preceq$ を**半順序関係**とよぶ．

(1) 任意の $x \in E$ に対して，$x \preceq x$ が成り立つ．（反射律）
(2) 任意の $x, y \in E$ に対して，$x \preceq y, y \preceq x$ ならば $x = y$ が成り立つ．（反対称律）
(3) 任意の $x, y, z \in E$ に対して，$x \preceq y, y \preceq z$ ならば $x \preceq z$ が成り立つ．（推移律）

すべての x, y の組に対して順序がついている必要はないことに注意せよ．つまり，$x \preceq y$ または $y \preceq x$ のいずれかが成り立つ必要はない．順序がついていないとき，x, y は**比較不能**であるという．その一方で，任意の x, y に対して順序がついている半順序を**全順序**，もしくは**線形順序**という．$x \preceq y$ かつ $x \neq y$ のとき，特に $x \prec y$ と書くことにする．

半順序関係の最大元，最小元を次のように定義する．

定義 2.15 半順序関係 $(E, \preceq)$ において，ある元 $1 \in E$ が，任意の $z \in E$ に対して $z \preceq 1$ であるとき，1 は**最大元**であるという．ある元 $0 \in E$ が，任意の $z \in E$ に対して $0 \preceq z$ であるとき，0 は**最小元**であるという．

次に，半順序関係と密接に関係のある束について説明する．

定義 2.16 代数系 $(E, \cup, \cap)$ において，$\cup$ と $\cap$ が全域で定義されており，結合的であり，可換な内算法であるとする．任意の元 $x, y \in E$ に対して，**吸収法則**

$$(x \cup y) \cap x = x, \quad (x \cap y) \cup x = x$$

30   2 写像と関係

が成り立つとき，$(E, \cup, \cap)$ は**束**であるという．

注意 2.3 束の定義において，$\cup$ と $\cap$ は通常の集合の意味での和集合，積集合を意味していないことに注意せよ．抽象的に見て同じであるので，同じ記号を用いることにする．   ◁

定義 2.17 $(E, \cup, \cap)$ を束とする．$a, b \in E$ に対して，$a \cup b, a \cap b$ をそれぞれ a と b の**上限，下限**という．

例 2.7 集合 A の部分集合の集合全体を考える．通常，この集合は 2^A で表記される．$X, Y \in 2^A$ に対して，$X \cup Y$ を X と Y の和集合と定義し，$X \cap Y$ を X と Y の積集合と定義する．A の任意の部分集合 X, Y に対して $(X \cup Y) \cap X = X, (X \cap Y) \cup X = X$ が成立するため，$(2^A, \cup, \cap)$ は束となる．   ◁

定理 2.5 束 $(E, \cup, \cap)$ において，任意の $x \in E$ に対して，**べき等法則** $x \cup x = x, \ x \cap x = x$ が成り立つ．

(証明) 吸収法則より，任意の x, y に対して，$(x \cap y) \cup x = x$ が成り立つ．両辺に右から $\cap x$ を行う．x と $x \cap y$ の吸収法則から，左辺は $((x \cap y) \cup x) \cap x = (x \cup (x \cap y)) \cap x = x$ が成り立つ．一方，右辺は $x \cap x$ である．よって，任意の x に対して $x = x \cap x$ が成り立つ．$x = x \cup x$ も同様に成り立つ．   ■

注意 2.4 教科書によっては，束の定義の中にべき等法則を要請しているものもある．しかし，べき等法則は吸収法則と結合法則から導き出されるので，本来は不要である．   ◁

定理 2.6 (束から導かれる半順序関係) 束 $(E, \cup, \cap)$ を考える．$a = a \cap b$ のとき $a \preceq b$ と約束する．このとき，$(E, \preceq)$ は E の上の半順序関係となる．

注意 2.5 定理 2.6 において，半順序を定める際に $\cap$ のみを用いていることに注意されたい．$\cup$ のみを用いて定義した場合でも，半順序関係を導くことが可能である．   ◁

(証明) 以下の 3 点を確認する．

2.2 関 係 31

(1) 任意の $a \in E$ に対して，$a \preceq a$ か？ つまり，任意の a に対して，$a = a \cap a$ が成り立つことを確認する．これはべき等法則より成り立つ．

(2) $a \preceq b$ かつ $b \preceq a$ のとき，$a = b$ か？ つまり，$a = a \cap b$ かつ $b = a \cap b$ のとき，$a = b$ であることを確認する．$a \cap b = a = b$ であるため，これも成り立つ．

(3) $a \preceq b$ かつ $b \preceq c$ のとき，$a \preceq c$ か？ つまり，$a = a \cap b$ かつ $b = b \cap c$ のとき，$a = a \cap c$ であることを確認する．

$$a \cap c = (a \cap b) \cap c = a \cap (b \cap c) = a \cap b = a$$

となり，$a = a \cap c$ が成り立つ．

以上より，$(E, \preceq)$ は半順序関係となる． ■

注意 2.6 束から半順序関係は導かれるが，半順序関係から必ずしも束が得られるとは限らない． ◁

例 2.8 束から半順序関係をつくる．$E = \{0, a, b, 1\}$ に対して，算法 $\cup, \cap$ を次の表のように定める．

$\cup$	0	a	b	1
0	0	a	b	1
a	a	a	1	1
b	b	1	b	1
1	1	1	1	1

$\cap$	0	a	b	1
0	0	0	0	0
a	0	a	0	a
b	0	0	b	b
1	0	a	b	1

この代数系 $(E, \cup, \cap)$ は束になっている．また，任意の $x \in E$ に対して，$1 \cup x = 1, 1 \cap x = x, 0 \cap x = 0, 0 \cup x = x$ を満たしている．これらから，任意の $x \in E$ に対して順序関係 $x \preceq 1, 0 \preceq x$ が導き出される． ◁

a. Hasse 図

半順序集合をもとに Hasse（ハッセ）図を導入する．

定義 2.18 E を元の個数が有限な集合とし，$\preceq$ を E の上の半順序関係とする．E の元を以下のルールに従い，平面上に配置する．

- $x \prec y$ のとき，x より y を上の方に配置する．

- $x \prec y$ を満たし，$x \prec z \prec y$ を満たす z が存在しないとき，x と y を直接線分で結ぶ．

このようにしてできる図形を **Hasse 図**とよぶ．

例 2.9 集合 $A = \{a, b, c\}$ のすべての部分集合の集まり 2^A に，集合同士の和 $\cup$ と積 $\cap$ を導入して得られる束の Hasse 図は，図 2.4 で与えられる． ◁

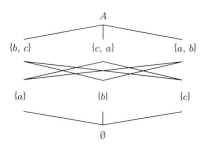

図 **2.4**　Hasse 図

b. 特殊な束

定義 2.19 $(E, \cup, \cap)$ を束とし，$\preceq$ をこの束から導かれる半順序関係とする．$x \preceq z$ のとき，すべての y に対して

$$(x \cup y) \cap z = x \cup (y \cap z)$$

が成り立つ束を**モジュラ束**という．

定理 2.7 束 $(E, \cup, \cap)$ を考える．任意の $x, y, z \in E$ に対して

$$(x \cap z) \cup (y \cap z) = ((x \cap z) \cup y) \cap z \tag{2.3}$$

が成り立つ束は，モジュラ束である．逆に，$(E, \cup, \cap)$ がモジュラ束であれば，任意の $x, y, z \in E$ に対して式 (2.3) が成り立つ．

定義 2.20 すべての x, y, z に対して，

(1) $(x \cup y) \cap z = (x \cap z) \cup (y \cap z)$

2.2 関　　係　　33

(2) $(x \cap y) \cup z = (x \cup z) \cap (y \cup z)$

を満たす束を**分配束**という.

　ここまでの議論では，分配束とモジュラ束は独立に定義をしてきた．しかし，分配束とモジュラ束に関して以下が成り立つ.

定理 2.8 束 $(E, \cup, \cap)$ が分配束であれば，E はモジュラ束である.

(証明) $x \preceq z$ とする．このとき E は分配束であるので $(x \cup y) \cap z = (x \cap z) \cup (y \cap z)$ であるが，いま，$x \preceq z$ であるので，半順序の定義より $x = x \cap z$ である．よって $(x \cup y) \cap z = x \cup (y \cap z)$ が成り立つため，E はモジュラ束である.　　　■

注意 2.7 一般に，モジュラ束であっても分配束であるとは限らない．実際，正規部分群（定義は 5.3.3 項を参照のこと）全体のなす束はモジュラ束であるが，分配束ではない.　　　◁

注意 2.8 さまざまな性質において，分配束であることまで仮定しなくてもモジュラ束であることさえ仮定すれば成立する性質もある．モジュラ束においては，$x \preceq z$ のときのみに $(x \cup y) \cap z = x \cup (y \cap z)$ という制限を加えているのに対して，分配束では任意の x, z に対して制限を加えていることがその要因である.　　　◁

定理 2.9 集合 A の部分集合の集合 2^A が和 $\cup$ と積 $\cap$ に関してつくる束は分配束である.

　束における最大元，最小元を定義する.

定義 2.21 束 $(E, \cup, \cap)$ において，ある元 $1 \in E$ が任意の $z \in E$ に対して $z = z \cap 1$ であるとき，1 は最大元であるという．ある元 $0 \in E$ が任意の $z \in E$ に対して $0 = 0 \cap z$ であるとき，0 は最小元であるという.

　この定義にもとづくと，例 2.9 において，元 A が最大元，元 $\emptyset$ が最小元となる．これは，A の任意の部分集合 A' に対して，$A' \cap A = A'$ であり，$A' \cap \emptyset = \emptyset$ であることからわかる.

34   2 写像と関係

定理 2.6 と定義 2.21 を組み合わせると，束から導かれる半順序関係に対して最大元，最小元を導入することができる．これは定義 2.15 で導入した半順序関係の最大元，最小元と整合性をもつ．

定義 2.22 最大元 1 と最小元 0 をもつ束 E において，$a \cup b = 1$ かつ $a \cap b = 0$ となるとき，b を a の**補元**という．すべての元が補元をもつ束を**可補束**という．

定義 2.23 ある束が可補束であり分配束であれば，その束は **Boole**（ブール）**束**であるという．

定理 2.10 集合 A の部分集合の集合 2^A が和 $\cup$ と積 $\cap$ に関してつくる束は Boole 束である．

（証明） 分配束であることは定理 2.9 で確認済みであるので，可補束であることを確認する．最大元は A であり，最小元は $\emptyset$ である．なぜならば，任意の元 $A_1 \in 2^A$ に対して $A_1 \cap A = A_1$ であり，$\emptyset = \emptyset \cap A_1$ である．任意の元 $A_1 \in 2^A$ に対して $A_2 = A \setminus A_1$ と設定すると，$A_1 \cup A_2 = A, A_1 \cap A_2 = \emptyset$ となるため，すべての元が補元をもつ．そのため可補束になる．以上より Boole 束となる． ∎

定理 2.11 自然数 $a, b \in \mathbb{N}$ の最大公約数を $\gcd(a, b)$, 最小公倍数を $\operatorname{lcm}(a, b)$ とし，$a \cup b = \gcd(a, b)$, $a \cap b = \operatorname{lcm}(a, b)$ と定義する．$\operatorname{lcm}(a, b)$ の約数の集合を E とすると，$(E, \cup, \cap)$ は分配束となる．

（証明） 束であること，分配束であることを確認する．任意の $a, b \in \mathbb{N}$ に対して，$\operatorname{lcm}\big(\gcd(a, b), a\big) = a, \gcd\big(\operatorname{lcm}(a, b), a\big) = a$ が成り立つので束である．さらに，簡単に確かめられるように，

$$\operatorname{lcm}\big(\gcd(a, b), c\big) = \gcd\big(\operatorname{lcm}(a, c), \operatorname{lcm}(b, c)\big),$$
$$\gcd\big(\operatorname{lcm}(a, b), c\big) = \operatorname{lcm}\big(\gcd(a, c), \gcd(b, c)\big)$$

が成り立つため分配束となる． ∎

例 2.10 36 の約数の集合を E とする．束 $(E, \cup, \cap)$ の Hasse 図を図 2.5 に示す．この束は分配束である． ◁

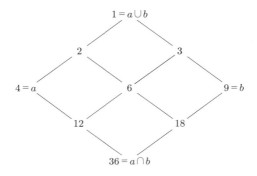

図 2.5　$a = 4, b = 9$ のときの Hasse 図

例 2.11　区間 $[0, 1]$ 上の実数値関数全体の集合を E とする．関数 $f \cup g, f \cap g$ を，
$$(f \cup g)(x) = \max\{f(x), g(x)\},$$
$$(f \cap g)(x) = \min\{f(x), g(x)\}$$
と定義する．このとき，$(E, \cup, \cap)$ は分配束となる．　　　　　　　　　　　◁

次に，部分束に関するいくつかの性質について述べる．

定義 2.24　$(E, \cup, \cap)$ を束とする．$E' \subseteq E$ に対して $(E', \cup, \cap)$ が束のとき，この束を $(E, \cup, \cap)$ の**部分束**という．

定理 2.12 (商束)　E を束とする．$a \preceq b$ のとき，$a \preceq x \preceq b$ を満たす x の全体は E の部分束をなす．この部分束を**商束**とよび，b/a で表す．

定義 2.25　2 つの束 $(E, \cup, \cap), (E', \cup', \cap')$ と関数 $f : E \to E'$ を考える．任意の $x, y \in E$ に対して，
$$f(x \cup y) = f(x) \cup' f(y),$$
$$f(x \cap y) = f(x) \cap' f(y)$$
が成り立つとき，f は**束準同型写像**であるという．さらに，f が全単射である場合には**束同型写像**であるという．また，束同型写像 f が存在するとき，2 つの束 E と E' は**同型**であるという．

36   2 写像と関係

定理 2.13 E がモジュラ束ならば，任意の $a, b \in E$ に対して $(a \cup b)/a$ と $b/(a \cap b)$ は同型である．

(証明) 写像 $\phi : (a \cup b)/a \to b/(a \cap b)$ を $\phi(x) = x \cap b$ と定義する．この ϕ は束準同型写像である．さらに ϕ は全単射であるため，ϕ は同型写像となる．これより $(a \cup b)/a$ と $b/(a \cap b)$ は同型である．∎

定義 2.26 束 $(E, \cup, \cap)$ から導出される半順序関係 $(E, \preceq)$ を考える．$a \prec b$ を満たす 2 元 a, b に対して

$$a = u_0 \prec u_1 \prec \cdots \prec u_k = b$$

を満たす列があり，各 u_{i-1} と u_i $(i = 1, \ldots, k)$ の間には元がないとき，この列を**組成列**という．

定義 2.27 $(E, \cup, \cap)$ を束とする．E の 2 つの部分束 A, B が，ある $a, b \in E$ に対して $A = (a \cup b)/a, B = b/(a \cap b)$ であるとする．このとき，A と B は互いに**転置**であるという．A と B が互いに転置であるとき $A \leftrightarrow B$ と記述する．

例 2.12 $A = \{a, b, c\}$ の部分集合全体 2^A に対して束 $(2^A, \cup, \cap)$ を考える．互いに転置となる例として $\{a\}/\emptyset \leftrightarrow A/\{b, c\}$, $\{a, b\}/\{a\} \leftrightarrow \{b\}/\emptyset$, $A/\{a, b\} \leftrightarrow \{b, c\}/\{b\}$ などがある．◁

定義 2.28 2 つの商束 $a/b, a'/b'$ に対して，商束の列

$$a/b = a_0/b_0, a_1/b_1, \cdots, a_k/b_k = a'/b'$$

で a_{i-1}/b_{i-1} と a_i/b_i $(i = 1, \ldots, k)$ が互いに転置となる列が存在するとき，$a/b, a'/b'$ は互いに**射影的**であるという．

モジュラ束に対して成り立つ性質を述べる．

定理 2.14 モジュラ束において $a_1 \preceq a_2$ かつ $b_1 \preceq b_2$ ならば，2 つの商束

$$A = ((a_2 \cap b_2) \cup a_1)/((a_2 \cap b_1) \cup a_1),$$
$$B = ((a_2 \cap b_2) \cup b_1/(a_1 \cap b_2) \cup b_1)$$

は互いに射影的である．

2.2 関 係 37

(証明) 商束 $C = a_2 \cap b_2/(a_2 \cap b_1) \cup (a_1 \cap b_2)$ を考え，$A \leftrightarrow C$ かつ $C \leftrightarrow B$ であることを示す．まず，$A \leftrightarrow C$ であることを示す．$a = (a_2 \cap b_1) \cup a_1, b = a_2 \cap b_2$ とおいたときに，$a \cup b = (a_2 \cap b_1) \cup a_1$ かつ $a \cap b = (a_2 \cap b_1) \cup (a_1 \cap b_2)$ となることを確認する．

$$a \cup b = ((a_2 \cap b_1) \cup a_1) \cup (a_2 \cap b_2) = a_1 \cup ((a_2 \cap b_1) \cup (a_2 \cap b_2)) = (a_2 \cap b_1) \cup a_1$$

である．ついで，$a \cap b$ を評価する．

$$a \cap b = ((a_2 \cap b_1) \cup a_1) \cap (a_2 \cap b_2)$$

であるが，モジュラ性より

$$a \cap b = (a_2 \cap b_1) \cup (a_1 \cap (a_2 \cap b_2)) = (a_2 \cap b_1) \cup (a_1 \cap b_2)$$

となる．よって，A と C が互いに転置である．同様の議論により，C と B も互いに転置であることが示される．∎

定理 2.15 モジュラ束において，互いに射影的な部分束は同型である．

定理 2.16 (Jordan–Hölder（ジョルダン・ヘルダー）の定理) モジュラ束 E において，

$$a = c_0 \prec c_1 \prec \cdots \prec c_m = b,$$
$$a = d_0 \prec d_1 \prec \cdots \prec d_n = b$$

がどちらも a と b を結ぶ組成列であるとする．このとき，$m = n$ であり，かつ $(1, 2, \cdots, m)$ の置換[*1] σ で任意の p に対して c_p/c_{p-1} と $d_{\sigma(p)}/d_{\sigma(p)-1}$ とが互いに射影的であるものが存在する．

例 2.13 $A = \{a, b, c\}$ の部分集合全体 2^A に対して 2 つの組成列 $\emptyset \prec \{a\} \prec \{a, b\} \prec A$ と $\emptyset \prec \{b\} \prec \{b, c\} \prec A$ を考える．各組成列 $A_0 \prec A_1 \prec A_2 \prec A_3$ に対して集合 $P = \{A_i \setminus A_{i-1} \mid i = 1, 2, 3\}$ を考える．組成列 $\emptyset \prec \{a\} \prec \{a, b\} \prec A$，$\emptyset \prec \{b\} \prec \{b, c\} \prec A$ に対する P は，いずれも $P = \{\{a\}, \{b\}, \{c\}\}$ で与えられ

[*1] 置換の定義は 5 章で与える．

38   2 写像と関係

る．あらためて，2つの組成列を順に $c_0 \prec c_1 \prec c_2 \prec c_3, d_0 \prec d_1 \prec d_2 \prec d_3$ と書くことにする．このとき $\{a\}/\emptyset \leftrightarrow A/\{b,c\}$ であるため，$c_1/c_0 \leftrightarrow d_3/d_2$ が成り立つ．同様に，$c_2/c_1 \leftrightarrow d_1/d_0$, $c_3/c_2 \leftrightarrow d_2/d_1$ が成り立つ．これより，置換 σ は

$$\sigma = \begin{pmatrix} 1 & 2 & 3 \\ 3 & 1 & 2 \end{pmatrix}$$

で与えられる．   ◁

3 初 等 整 数 論

　整数論に関する初等的な内容を説明する．一般的な性質の解説だけでなく，後で議論する環の導入も行う．

3.1　整数に関する基本的な性質

　整数全体の集合を $\mathbb{Z}$ と書くことにする．$\mathbb{Z}$ に対して通常の加法，乗法を導入した代数系を**有理整数環**，もしくは**整数環**とよぶ．整数の範囲では足し算，引き算，掛け算を自由に行うことができる．

定義 3.1 x を整数，p を 0 以外の整数とする．x は整数 q と $r(0 \leq r \leq p-1)$ によって，$x = pq + r$ と表現できる．このとき，q を x の p に対する**商**，r を x の p に対する**余り**とよぶ．

　商，余りの定義の方法は一意ではない．例えば，奇数の p に対して $-(p-1)/2 \leq r \leq (p-1)/2$ となるように余りを定義してもよい．

例 3.1 $x = 11, p = 3$ とする．$11 = 3 \times 3 + 2$ と表現すれば，余りは 2 となる．その一方で，$11 = 3 \times 4 - 1$ と表現し，後者の余りの定義にもとづけば，余りは -1 となる． ◁

定義 3.2 0 以外の整数 a, b に対して b を a で割った余りが 0 のとき，a は b の**約数**であるという．a が b の約数であるとき，$a \mid b$ と書く．

定義 3.3 整数 a, b に対して a は b の約数であるとき，b は a の**倍数**であるという．

注意 3.1 ある整数 k が存在して，$b = ka$ と書けるとき，a は b の約数となる．また，この逆も成り立つ．これを約数の定義と考えてもよい．整数に対して約数を議論する場合では，この 2 つの約数の定義の間に差はない．しかし，より一般の環においてはこれらの違いを厳密に区別する必要がある．6.3 節で詳しく説明する． ◁

– 39 –

40 3 初 等 整 数 論

定義 3.4 1 と自分自身しか正の約数をもたない自然数を**素数**とよぶ. すなわち, $a \in \mathbb{N}$ に対して $a \mid p$ ならば, $a = 1$ または $a = p$ であるとき p は素数であるという. 便宜的に 1 は素数としない.

定義 3.5 2 以上の素数ではない自然数を**合成数**とよぶ.

素数が無限に存在することは古くから知られている.

定理 3.1 素数は無限に存在する.

(証明) 素数が有限個しか存在しないと仮定して矛盾を導く. すべての素数を $p_1, \ldots, p_N$ と書くことにする. いま, 自然数 $p = p_1 \cdots p_N + 1$ を考える. p を p_i で割った余りはどの p_i に対しても 1 となる. そのため, どの素数でも割り切れないため p は $\{p_1, p_2, \ldots, p_N\}$ 以外で割り切れなければならない. これはすべての素数が $\{p_1, \ldots, p_N\}$ であることに矛盾となる. よって, 素数は無限に存在する. ∎

注意 3.2 定理 3.1 の証明はこれ以外にもいくつか知られている.『素数の世界』[19] には 8 個の証明が掲載されている. ◁

自然数 n を素数の積に分解することを n の**素因数分解**とよぶ. 各素数のことを n の**素因数**とよぶ. 通常, n の素因数分解は,

$$n = p_1^{e_1} p_2^{e_2} \cdots p_l^{e_l}$$

という形で与えられる. ここで各 p_i は相異なる素数であり, 各 e_i は自然数である.

定理 3.2 (素因数分解の一意性) 任意の 2 以上の自然数 n は順番を除いて素数の積で一意に記述することができる.

(証明) n の素因数分解が 2 通り

$$n = p_1^{e_1} \cdots p_l^{e_l} = q_1^{f_1} \cdots q_m^{f_m} \quad (e_i, f_i \geq 1)$$

に表現できたとする. p_1 は n の約数であるので $q_1^{f_1} \cdots q_m^{f_m}$ の約数である. 各 q_i は素数であるので, p_1 は q_i のいずれかと一致する. 適当に積の順番を入れ替えることにより $p_1 = q_1$ とする. n は $p_1^{e_1}$ で割り切れるので $e_1 \leq f_1$ でなくてはな

らない．対称性から $e_1 \geq f_1$ も成り立つ．これより $e_1 = f_1$ である．両辺を $p_1^{e_1}$ もしくは $q_1^{f_1}$ で割ることにより，

$$n' = p_2^{e_2} \cdots p_l^{e_l} = q_2^{f_2} \cdots q_m^{f_m}$$

を得る．同様の操作を繰り返すことにより，$l = m$ かつすべての i について $p_i = q_i, e_i = f_i$ を得る．よって，素因数分解は一意に定まる．∎

例 3.2 自然数 12 は $12 = 2^2 \times 3$ と素因数分解される．積の順序を除いてこれ以外の表現法は存在せず，素数の積として一意に定まる． ◁

ここまでは自然数に対する素因数分解を議論してきたが，この定義は整数にまで拡張することができる．n を -2 以下の整数とする．このとき，$-n$ は 2 以上の自然数であるので一意に素因数分解される．これより，

$$-n = p_1^{e_1} \cdots p_l^{e_l}$$

と書くことにすると，負の整数 n の素因数分解は

$$n = -p_1^{e_1} \cdots p_l^{e_l}$$

と表される．

素数がもつ別の性質について述べる．p を 2 以上の素数とする．このとき，自然数 a, b に対して $p \mid ab$ であるならば，常に $p \mid a$ もしくは $p \mid b$ が成り立つ．定義 3.4 では p が割られる数である場合の性質を述べているのに対して，この性質は p が割る数である場合の性質を述べている．整数の集合のように，ある代数系では，この 2 つの性質は同値であるが，その他の代数系では必ずしも一致するとは限らない．6.3.2 項では，この 2 つの特徴を明確に区別して議論する．

次に，1 章で述べた最大公約数，最小公倍数に関して復習を行う．

定義 3.6 自然数 d が自然数 x と y の共通の約数であるとき，d は x と y の公約数であるという．

定義 3.7 自然数 m が自然数 x と y の共通の倍数であるとき，m は x と y の公倍数であるという．

42   3 初 等 整 数 論

定義 3.8 自然数 x と y の公約数のうちで最大のものを自然数 x, y の最大公約数とよぶ. x と y の最大公約数を $\gcd(x, y)$ と書く.

注意 3.3 x と y の任意の公約数 g に対して $g \mid \gcd(x, y)$ である. ◁

注意 3.4 最大公約数を次のように定義してもよい：x と y の公約数 d が, x と y の任意の公約数 d' に対して $d' \mid d$ を満たすとき, d は x と y の最大公約数であるという.

定義 3.8 とこの最大公約数の定義は等価である. この理由を簡単に説明する. a と b の公約数の集合を D とすると, D の 2 つの元 a, b に対して $a \leq b$ であれば常に $a \mid b$ が成り立つ. 逆に $a \mid b$ であれば $a \leq b$ が成り立つ. d が D の中で最大であるとき（つまり, d が最大公約数であるとき）, 任意の $d' \in D$ に対して $d' \leq d$ であるので, $d' \mid d$ が成り立つ. 逆に $d' \mid d$ が成り立つとき, $d' \leq d$ となるため d が最大の公約数となる. ◁

定義 3.9 自然数 x と y の公倍数のうちで最小のものを x, y の最小公倍数とよぶ. x と y の最小公倍数を $\mathrm{lcm}(x, y)$ と書く.

注意 3.5 x と y の任意の公倍数 l に対して $\mathrm{lcm}(x, y) \mid l$ である. ◁

注意 3.6 最小公倍数を次のように定義してもよい：x と y の公倍数 m が x と y の任意の公倍数 m' に対して $m \mid m'$ を満たすとき, m は x と y の最小公倍数であるという. ◁

ある数 d がある数の組 (a, b) の公約数であるかを判定することは容易である. 実際に, $d \mid a$ かつ $d \mid b$ であることを確認すればよい.

それでは, 自然数の組 (a, b) の最大公約数 $\gcd(a, b)$ を求めるにはどうしたらよいか？ 最も直観的な方法は, 素因数分解を経由する次の定理にもとづく方法である.

定理 3.3 自然数 m, n の素因数分解が

$$m = p_1^{e_1} \cdots p_k^{e_k} q_1^{f_1} \cdots q_l^{f_l}, \quad n = p_1^{g_1} \cdots p_k^{g_k} q_{l+1}^{f_{l+1}} \cdots q_{l+j}^{f_{l+j}}$$

で与えられるとする．ただし，各 p_i, q_i はすべて異なる素数であるとする．ここで，$\alpha_i = \min(e_i, g_i), \beta_i = \max(e_i, g_i)$ とする．このとき，m と n の最大公約数は

$$\gcd(m, n) = p_1^{\alpha_1} \cdots p_k^{\alpha_k}$$

で与えられる．最小公倍数は，

$$\mathrm{lcm}(m, n) = p_1^{\beta_1} \cdots p_k^{\beta_k} q_1^{f_1} \cdots q_{l+j}^{f_{l+j}}$$

で与えられる．

それでは，最大公約数を求めるには必ず素因数分解を行わないといけないのであろうか？ 実際には素因数分解を行う必要はなく，いわゆる Euclid（ユークリッド）の互除法により最大公約数を計算することが可能である．Euclid の互除法は3.3 節で説明する．

定理 1.12 より，任意の自然数 x, y に対して $xy = \mathrm{lcm}(x, y) \gcd(x, y)$ が成り立つ．

これより，最小公倍数，最大公約数はどちらかを求めることにより，他方は容易に求めることが可能である．

3.2 素 数，剰 余 類

自然数 n に対して n で割り算をした余りのみを考えることにする．$a \in \mathbb{Z}$ として，$a \bmod n$ で a を n で割り算をした余りと定義する．ここで，余り r は $0 \le r < n$ を満たすものとする．任意の $a, b \in \mathbb{Z}$ に対して

$$(a + b) \bmod n = (a \bmod n + b \bmod n) \bmod n$$

が成り立ち，同様に，

$$(ab) \bmod n = (a \bmod n)(b \bmod n) \bmod n$$

が成り立つ．また，

$$(a - b) \bmod n = (a \bmod n - b \bmod n) \bmod n$$

も成り立つ．これにより，どのタイミングで n で割った余りに替えても結果は同じになることが保証される．そのため以下の議論でも，$\bmod n$ をとる場所はあまり気にせず記述することにする．

44   3 初等整数論

n を自然数として，集合 $\mathbb{Z}_n$ を $\mathbb{Z}_n = \{0, 1, \cdots, n-1\}$ とする．このとき，$a \in \mathbb{Z}$ に対して，$a \bmod n \in \mathbb{Z}_n$ が成り立つ．

自然数 n と 2 つの整数 m_1, m_2 に対して $m_1 - m_2$ が n の倍数であるとき，m_1 と m_2 は n を法として**合同**であるといい，

$$m_1 \equiv m_2 \pmod{n}$$

と書くことにする．このとき，m_1 を n で割った余りと m_2 を n で割った余りが等しくなる．すなわち，$m_1 \bmod n = m_2 \bmod n$ が成り立つ．

定理 3.4 $a_1 \equiv a_2 \pmod{n}, b_1 \equiv b_2 \pmod{n}$ が成り立つとする．このとき，

$$a_1 + b_1 \equiv a_2 + b_2 \pmod{n},$$
$$a_1 b_1 \equiv a_2 b_2 \pmod{n}$$

が成り立つ．さらに，c を整数として，

$$c a_1 \equiv c a_2 \pmod{n}$$

が成り立つ．

(証明) 条件より，$a_1 - a_2, b_1 - b_2$ はともに n の倍数である．

$$(a_1 + b_1) - (a_2 + b_2) = (a_1 - a_2) + (b_1 - b_2)$$

であるので，これも n の倍数である．よって，$a_1 + b_1 \equiv a_2 + b_2 \pmod{n}$ である．また，

$$a_1 b_1 - a_2 b_2 = a_1 b_1 - a_2 b_1 + a_2 b_1 - a_2 b_2 = (a_1 - a_2) b_1 + a_2 (b_1 - b_2)$$

であるが，$a_1 - a_2, b_1 - b_2$ はともに n の倍数であるので，$(a_1 - a_2) b_1$ と $a_2 (b_1 - b_2)$ もともに n の倍数となる．最終的に，$a_1 b_1 - a_2 b_2$ も n の倍数である．よって，$a_1 b_1 \equiv a_2 b_2 \pmod{n}$ である．また，$c a_1 - c a_2 = c(a_1 - a_2)$ であるため，これも n の倍数となる．■

3.3 Euclidの互除法

2つの自然数 a, b の最大公約数を求める際に，Euclid の互除法がよく用いられる．この節では Euclid の互除法のもととなる性質を述べる．

定理 3.5 2つの自然数 a, b に対して，非負整数 q と非負整数 $r\,(0 \leq r < b)$ を

$$a = qb + r$$

を満たすように定める．このとき，$\gcd(a, b) = \gcd(b, r)$ が成り立つ．

注意 3.7 定理 1.10 より，このような b と r は一意に定まる．　　　　　◁

(証明) $r = a - qb$ であるため，$\gcd(a, b)$ は r の約数である．$\gcd(a, b)$ は b の約数であるので，$\gcd(a, b)$ は r と b の公約数である．そのため，$\gcd(b, r)$ は $\gcd(a, b)$ の倍数である．同様に，$a = qb + r$ であるため，$\gcd(b, r)$ は a の約数である．さらに，$\gcd(b, r)$ は b の約数である．そのため，$\gcd(a, b)$ は $\gcd(b, r)$ の倍数である．よって，$\gcd(a, b) = \gcd(b, r)$ が成り立つ．　　　　　　　　　　　　　■

以下に，Euclid の互除法の動作原理を記す．$a = bq + r$ となる $q, r\,(0 \leq r < b)$ に対して，

- $\gcd(a, b) = \gcd(b, r)$ であること
- $0 \leq r < b$ であるため，gcd の第2引数はアルゴリズム中で単調減少であり，有界であること
- $r = 0$ であれば，$\gcd(a, b) = b$ が成り立つ

が重要である．逆にこのような代数系であれば，Euclid の互除法を用いて最大公約数の計算が可能となる．詳しくは 6.3.1 項で説明する．

自然数 a, b に対して $\gcd(a, b)$ を計算するアルゴリズムを示す．このアルゴリズムでは，$\gcd(a, b)$ の計算において a, b の素因数分解を行う必要はないことに注意してほしい．記述の簡単化のため $a > b$ とし，$a_0 = a, a_1 = b$ とする．

a_0 と a_1 に対し，

$$a_0 = a_1 q_1 + a_2 \quad (0 \leq a_2 < a_1)$$

46   3 初等整数論

を満たす q_1, a_2 を求める．ここで定理 3.5 より $\gcd(a_0, a_1) = \gcd(a_1, a_2)$ が成り立つ．ついで，a_1, a_2 に対して

$$a_1 = a_2 q_2 + a_3 \quad (0 \leq a_3 < a_2)$$

となる q_2, a_3 を求める．ここで，$\gcd(a_1, a_2) = \gcd(a_2, a_3)$ が成り立つ．a_i は単調に減少することに注意されたい．この操作をある i に対して $a_{i+1} = 0$ となるまで繰り返す．この操作は，a_i が有界で狭義の単調減少であることから有限回で停止する．$a_{i+1} = 0$ であるので，

$$a_{i-1} = a_i q_i$$

が成立している．定理 3.5 より $\gcd(a, b) = \gcd(a_0, a_1) = \gcd(a_{i-1}, a_i)$ であるが，$\gcd(a_{i-1}, a_i) = a_i$ となるため，$\gcd(a, b) = a_i$ で与えられる．

　以上より，最大公約数は実際に素因数分解を行うことなしに求めることができる．このアルゴリズムは Euclid の互除法とよばれている．

　アルゴリズムが停止する 1 ステップ前の状況では $a_{i-2} = a_{i-1} q_{i-1} + \gcd(a, b)$ となっている．また，$a_{i-3} = a_{i-2} q_{i-2} + a_{i-1}$ であるが，2 つの式から a_{i-1} を消去する．この操作を a_0, a_1 を用いた式が得られるまで繰り返す．このとき，次の定理が得られる．

定理 3.6 a, b を自然数とする．このとき，ある整数 x, y が存在して $ax + by = \gcd(a, b)$ となる．

　また，このような x, y を簡単に求めることができる．ここで，特に $\gcd(a, b) = 1$ となる場合を考える．このとき，ある整数 x, y が存在して $ax + by = 1$，つまり $ax \equiv 1 \pmod{b}$ となる．x を b を法とした a の逆元とよぶことにし，$a^{-1} \bmod b$ と書くことにする[*1]．通常，範囲として $0 \leq a^{-1} \bmod b < b$ のものを考える．

　n_1 と n_2 が互いに素であるとする．いま，2 つの整数 m_1, m_2 が以下の 2 つの式

$$\begin{cases} m_1 \equiv m_2 \pmod{n_1}, \\ m_1 \equiv m_2 \pmod{n_2} \end{cases}$$

を満たすとき，$m_1 \equiv m_2 \pmod{n_1 n_2}$ が成り立つ．これは，$m_1 - m_2$ が n_1 の倍数であり，同時に n_2 の倍数であることから明らかである．

---

*1　逆元の計算は，拡張 Euclid の互除法により求めることができる．

3.3 Euclidの互除法　　47

定理 3.7 (中国式剰余定理) m, n を互いに素な自然数とし, a を m より小さい非負整数, b を n より小さい非負整数とする. このとき, m で割ると a 余り, n で割ると b 余る整数が mn を法として一意に定まる.

(証明) 法を mn として 2 個以上存在すると仮定し, そのうちの二つを x_1, x_2 とする. このとき, $x_1 \equiv a \pmod{m}, x_1 \equiv b \pmod{n}, x_2 \equiv a \pmod{m}, x_2 \equiv b \pmod{n}$ が成り立つ. $x_1 \equiv x_2 \pmod{m}, x_1 \equiv x_2 \pmod{n}$ が成り立つため, $x_1 - x_2$ は m の倍数であり, 同時に n の倍数である. そのため, $x_1 - x_2$ は mn の倍数となり, $x_1 \equiv x_2 \pmod{mn}$ となり, 矛盾する. よって, 存在しても高々1個である. $m_n = m^{-1} \bmod n, n_m = n^{-1} \bmod m$ とおき,

$$x = a n_m n + b m_n m \bmod mn$$

とおく (ここで, m と n は互いに素であるので, このような n_m, m_n は必ず存在する). このとき, $x \equiv a \pmod{m}, x \equiv b \pmod{n}$ を満たすので解となる. よって一意に定まる. ∎

　2 つの自然数の場合だけでなく, 一般に複数個の自然数に対しても同様の定理が成立する.

定理 3.8 (一般の場合の中国式剰余定理) 自然数 $n_1, n_2, \ldots, n_k$ はどの 2 つも互いに素であるとする. このとき, 任意の整数 $a_1, a_2 \ldots, a_k$ に対して

$$\begin{cases} x \equiv a_1 \pmod{n_1}, \\ x \equiv a_2 \pmod{n_2}, \\ \vdots \\ x \equiv a_k \pmod{n_k} \end{cases}$$

を満足する整数 x が存在し, $n_1 n_2 \cdots n_k$ を法として一意に定まる. 特に $0 \leq x < n_1 n_2 \cdots n_k$ を満たす非負整数 x が一意に定まる.

例 3.3 3 で割ると 2 余り, 5 で割ると 3 余る整数を考える. このような整数の 1 つは, 定理 3.7 の証明中の議論より 8 で与えられる. 具体的には以下の通りである. まず $3^{-1} \bmod 5, 5^{-1} \bmod 3$ を計算し, それぞれ $3^{-1} \bmod 5 = 2, 5^{-1} \bmod 3 = 2$

を得る．ついで $(2 \times 2 \times 5 + 3 \times 2 \times 3) \bmod 15 = 38 \bmod 15 = 8$ により 8 を得る．よって $k \in \mathbb{Z}$ として，$8 + 15k$ となる整数が条件を満たす．逆に，$8 + 15k$ 以外には存在しない． ◁

次に，自然数が 3 個の場合の例を示す．

例 3.4 3 で割ると 2 余り，5 で割ると 3 余り，7 で割ると 2 余る整数を考える．このような整数として，23 は条件を満たす．よって，$k \in \mathbb{Z}$ として，$23 + 105k$ となる整数が条件を満たす．ここで，105 は，$105 = 3 \times 5 \times 7$ により与えられる．逆に，$23 + 105k$ 以外には存在しない． ◁

中国式剰余定理を直積を用いて説明する．いま，m と n を互いに素な自然数とする．$0 \leq x < mn$ となる自然数 x を $(x \bmod m, x \bmod n)$ で表現することにする．x と $(x \bmod m, x \bmod n)$ は，1 対 1 に対応する．

この表現で記述される 2 つの元の和を次で定義する．

$$(x \bmod m, x \bmod n) + (y \bmod m, y \bmod n) = (x + y \bmod m, x + y \bmod n).$$

同様に，積は

$$(x \bmod m, x \bmod n) \times (y \bmod m, y \bmod n) = (xy \bmod m, xy \bmod n)$$

で定義する．すなわち，$(x + y) \bmod mn$ を先に計算してから直積表現したものと，先に直積表現した上で上記で定義した算法を行った結果は一致する．積に関しても同様である．写像 $x \mapsto (x \bmod m, x \bmod n)$ を考える．この写像は $\mathbb{Z}_{mn}$ から $\mathbb{Z}_m \times \mathbb{Z}_n$ への準同型写像であり，なおかつ全単射であるので，$\mathbb{Z}_{mn}$ と $\mathbb{Z}_m \times \mathbb{Z}_n$ は同型である．

例 3.5 $m = 2, n = 3$ とする．このとき $0 \leq x < 6$ に対して，写像は $x \mapsto (x \bmod 2, x \bmod 3)$ となる．例えば $5 \mapsto (5 \bmod 2, 5 \bmod 3) = (1, 2)$ であり，$3 \mapsto (3 \bmod 2, 3 \bmod 3) = (1, 0)$ である．逆に $(1, 2), (1, 0)$ から，中国式剰余定理より $5, 3$ へ一意に復元することが可能である．また，$(1, 2) + (1, 0) = (1 + 1 \bmod 2, 2 + 0 \bmod 3) = (0, 2)$ となる．これは $(3 + 5) \bmod 6 = 2$ に対して $2 \mapsto (2 \bmod 2, 2 \bmod 3) = (0, 2)$ としたものと結果は同じである．また，$(1, 2) \times (1, 0) = (1 \bmod 2, 0 \bmod 3) = (1, 0)$ となる．これは，$(3 \times 5) \bmod 6 = 3$ に対して，$3 \mapsto (3 \bmod 2, 3 \bmod 3) = (1, 0)$ としたものと結果は同じである． ◁

3.4 Fermat の小定理　　49

応用例（剰余計算の高速化）　$\mathbb{Z}_{mn}$ の元を $\mathbb{Z}_m$ と $\mathbb{Z}_n$ の元に分割する考え方は，$\mathbb{Z}_{mn}$ 上での掛け算の計算量削減に利用できる．いま，mn のビットサイズを t とする．素朴な方法では，t ビットの掛け算は t^2 に比例した計算量が必要でなる．ここで簡単のため，t^2 の係数は 1 とする．2 つの元に分解することにより，各々の乗法は $(t/2)^2 = t^2/4$ で実現可能である．2 回の掛け算を行う必要があることを考慮しても $t^2/4 \times 2 = t^2/2$ となり，半分の計算量で実現可能である（ただし，ここでは，中国式剰余定理を用いた復元のコストは十分小さいため無視している）．◁

3.4　Fermat の小定理

　初等整数論において重要な **Fermat**（フェルマー）**の小定理**について説明する．この定理は暗号理論など工学的にも広く応用されている．

　Fermat の小定理を示す前に次の補題を示す．

補題 3.1　p を素数として $x \not\equiv 0 \pmod{p}$ とする．

$$a_1 x \equiv a_2 x \pmod{p}$$

が成り立つとき，$a_1 \equiv a_2 \pmod{p}$ が成り立つ．

（証明）　$a_1 x \equiv a_2 x \pmod{p}$ が成り立つとき，$(a_1 - a_2)x \equiv 0 \pmod{p}$ が成り立つ．p は素数であるので，$a_1 - a_2$ もしくは x は p の倍数となる．いま，条件より x は p の倍数でないので，$a_1 - a_2$ は p の倍数となる．よって，$a_1 \equiv a_2 \pmod{p}$ が成り立つ．■

定理 3.9 (Fermat の小定理)　p を素数とする．p と互いに素なすべての自然数 a に対して，

$$a^{p-1} \equiv 1 \pmod{p}$$

が成り立つ．

　Fermat の小定理の証明はいくつか知られているが，代表的な 2 つの証明を記す．

（証明 1）　任意の自然数 a に対して $a^p \equiv a \pmod{p}$ を示すことができれば，補題 3.1 より証明が完了する．数学的帰納法により証明を行う．$a = 1$ のとき $1^p = 1$

であるので成立する．いま，$a = n$ のとき条件が成立すると仮定する．すなわち，$n^p \equiv n \pmod{p}$ が成り立つと仮定する．このとき，

$$(n+1)^p = n^p + 1 + \sum_{i=1}^{p-1} \binom{p}{i} n^i \equiv n + 1 \pmod{p}$$

となり，$a = n + 1$ のときも成立する．ここで，$1 \leq i \leq p - 1$ においては

$$\binom{p}{i} \equiv 0 \pmod{p}$$

であることを利用している．以上より，任意の自然数 a について成立する．∎

(証明 2) 2 つの集合 $E = \{1, 2, \ldots, p - 1\}$ と $E' = \{a \bmod p, 2a \bmod p, \ldots, a(p-1) \bmod p\}$ を考える．ここで，a を掛けて p で割った余りをとる写像を考えると，この写像は補題 3.1 より全単射になるため，集合 E' は $E' = \{1, 2, \ldots, p - 1\}$ となる．集合として考えると，$E' = E$ であるため，すべての項を掛け合わせた値も等しくなる．よって，

$$\prod_{i=1}^{p-1} ai \equiv \prod_{i=1}^{p-1} i \pmod{p}$$

が成り立つ．左辺は

$$\prod_{i=1}^{p-1} ai \equiv a^{p-1} \prod_{i=1}^{p-1} i \pmod{p}$$

で与えられるため，

$$a^{p-1} \prod_{i=1}^{p-1} i \equiv \prod_{i=1}^{p-1} i \pmod{p}$$

が成立する．ここで，$\prod_{i=1}^{p-1} i$ は，p と互いに素であるため，補題 3.1 より，

$$a^{p-1} \equiv 1 \pmod{p}$$

を得る．∎

「互いに素な」という条件を除く場合，次の定理が成り立つ．

定理 3.10 p を素数とする．すべての自然数 a に対して，

$$a^p \equiv a \pmod{p}$$

が成り立つ．

Fermat の小定理の対偶を考えると，次の定理が得られる．

定理 3.11 p と互いに素な自然数 a が存在して，$a^{p-1} \not\equiv 1 \pmod{p}$ が成り立つならば，p は合成数である．

Fermat の小定理の応用例として，素数判定法が挙げられる．

応用例（確率的な素数判定法） Fermat の小定理の対偶を（確率的な）素数判定に使うことができる．p を素数であるか，合成数であるかの判定をしたい自然数とする．まず，自然数 a を適当に選び，$a^{p-1} \bmod p$ を計算する．この値が 1 以外であるならば，p は合成数であると断定することができる．しかし，この値が 1 になったからといって，必ずしも素数であると断定することはできない．そこで，異なる a に対して同様の計算を行うことにする．しかし，いくつかの異なる a に対して $a^{p-1} \bmod p = 1$ が成立するならば，高い確率で p は素数となることが知られている．この性質を利用して，素数判定を行うことができる．この原理により素数判定を行う際には，素因数分解を経由していないことに注意されたい． ◁

法の値が合成数である場合には，**Euler**（オイラー）**の定理**が知られている．まず，Euler の ϕ 関数を導入する．

定義 3.10 n を自然数とする．1 から n までの自然数の中で n と互いに素な自然数の個数を $\phi(n)$ で表し，これを **Euler の ϕ 関数**とよぶ．

例 3.6 $n = 15$ とする．互いに素な自然数の集合は，

$$\{1, 2, 4, 7, 8, 11, 13, 14\}$$

であるため，$\phi(15) = 8$ である． ◁

いくつかの特徴的な自然数 n に対して，$\phi(n)$ を求める．

例 3.7 p を素数，k を自然数とする．このとき，

$$\phi(p^k) = p^k \left(1 - \frac{1}{p} \right) = (p-1)p^{k-1}$$

である．特に，$k = 1$ のときは $\phi(p) = p - 1$ である． ◁

52   3 初 等 整 数 論

例 **3.8** $n = n_1 n_2$ とし，$\gcd(n_1, n_2) = 1$ とする．このとき，

$$\phi(n) = \phi(n_1)\phi(n_2)$$

である． ◁

これより，一般の自然数に対して，以下が成り立つ．

定理 3.12 自然数 n の異なるすべての素因数を $p_1, \ldots, p_l$ とする．このとき，

$$\phi(n) = n \left(1 - \frac{1}{p_1}\right) \cdots \left(1 - \frac{1}{p_l}\right)$$

である．

（証明）$n = p_1^{k_1} p_2^{k_2} \cdots p_l^{k_l}$ に対して $\phi(n) = \phi(p_1^{k_1}) \cdots \phi(p_l^{k_l})$ となる．さらに，各 $i = 1, 2, \ldots, l$ に対して $\phi(p_i^{k_i}) = p_i^{k_i}\left(1 - \frac{1}{p_i}\right)$ であることから成り立つ． ∎

定理 3.13 (Euler の定理) n を自然数とする．$\gcd(a, n) = 1$ となる任意の自然数 a に対して，

$$a^{\phi(n)} \equiv 1 \pmod{n}$$

が成り立つ．

（証明）簡単のため，p, q を異なる素数として $n = pq$ の場合を考える．このとき $\phi(n) = (p-1)(q-1)$ である．Fermat の小定理より

$$a^{\phi(n)} = a^{(p-1)(q-1)} = (a^{p-1})^{q-1} \equiv 1 \pmod{p}$$

であり，同様に $a^{\phi(n)} \equiv 1 \pmod{q}$ である．よって，$a^{\phi(n)} \equiv 1 \pmod{n}$ が成り立つ． ∎

応用例（RSA 暗号） 代表的な暗号方式の 1 つである **RSA 暗号**について説明する．なお，RSA 暗号の由来は，発明者の Rivest, Shamir, Adleman の頭文字をとったものである．RSA 暗号は，素因数分解の困難さに安全性の根拠をおく**公開鍵暗号方式**である．RSA 暗号の鍵設定は，以下のように行われる．まず，異なる大きな素数（例えば，1024 ビット）p, q を生成する．$n = pq, \phi(n) = (p-1)(q-1)$ を

計算する．拡張 Euclid の互除法を用いて，$ed \equiv 1 \pmod{\phi(n)}$ となる自然数 e, d を生成する．暗号化鍵として (n, e)，復号鍵として (n, d) を設定する．(n, e) は誰でも入手することができる情報であり，d は正規の復号者のみが知る秘密の情報である．

送りたいメッセージを $m \in \mathbb{Z}_n$ として，暗号化の処理は $C = m^e \bmod n$ により行われ，C が暗号文となる．

復号の処理は $m = C^d \bmod n$ により行われる．

$$C^d \bmod n = (m^e)^d \bmod n = m^{ed} \bmod n = m^{1+k\phi(n)} \bmod n = m$$

により，元のメッセージが復元される．この際に Euler の定理を用いている．

もし素因数分解が簡単に可能であれば，暗号の解読が可能である．つまり，n を素因数分解して p, q を求め，その後，関係式 $ed \equiv 1 \pmod{(p-1)(q-1)}$ から d を求めると，RSA 暗号の解読に成功する．その一方で，RSA 暗号の解読ができるときに素因数分解が可能であるかは，依然，未解決の問題である．

$\triangleleft$

定義 3.11 p を素数とし，a を p と互いに素な自然数とする．このとき，$x^2 \bmod p = a$ となる自然数 x が存在するならば，a は p を法として**平方剰余**であるといい，$a \in \mathrm{QR}_p$ と書くことにする．そのような自然数 x が存在しない場合は，a は p を法として**平方非剰余**であるといい，$a \in \mathrm{QNR}_p$ と書くことにする．

定義 3.12 p を素数とし，a を p と互いに素な自然数とする．a の p に対する **Legendre**（ルジャンドル）**記号** $\left(\frac{a}{p}\right)$ を以下で定義する．

$$\left(\frac{a}{p}\right) = \begin{cases} 1 & a \in \mathrm{QR}_p \text{のとき} \\ -1 & a \in \mathrm{QNR}_p \text{のとき}. \end{cases}$$

a の p に対する Legendre 記号を計算する，つまり a が法を p として平方剰余であるかを判定するには次の Euler の規準が有用である．

定理 3.14 (Euler の規準) p を奇素数とし，a を p と互いに素な自然数とする．このとき，

$$\left(\frac{a}{p}\right) = a^{(p-1)/2} \bmod p$$

54   3 初等整数論

が成り立つ.

例 3.9 $p = 7, a = 2$ の場合を考える. 方程式 $x^2 \equiv 2 \pmod{7}$ は解をもつかの判定を，Euler の規準を用いて行う.

$$\left(\frac{2}{7}\right) = 2^{(7-1)/2} \bmod 7 = 2^3 \bmod 7 = 8 \bmod 7 = 1$$

となるため，$2 \in \mathrm{QR}_7$ となる. よって，解をもつ. 実際，$x = 3, 4$ が解となる.

次に，$p = 7, a = 3$ の場合を考える. 方程式 $x^2 = 3 \bmod 7$ は解をもつかの判定を，Euler の規準を用いて行う.

$$\left(\frac{3}{7}\right) = 3^{(7-1)/2} \bmod 7 = 3^3 \bmod 7 = 27 \bmod 7 = -1$$

となるため，$3 \in \mathrm{QNR}_7$ となる. よって，解をもたない.   ◁

4 1変数多項式

この章では，1変数多項式に関する基本的な性質を説明した後，多項式の既約性について説明する．ついで，1変数多項式に対する Euclid の互除法，終結式を導入する．

4.1 多　項　式

この節では，6章での環および7章での体[*1]の議論の導入として多項式を説明する．

以下では，環 R として可換環を考える．

定義 4.1 $a_i \in R$ と文字 x を用いて

$$f(x) = a_n x^n + a_{n-1} x^{n-1} + \cdots + a_1 x + a_0 = \sum_{i=0}^{n} a_i x^i$$

の形で表されるものを，R 上の x を変数とする**多項式**とよぶ．

環 R 上の x を変数とする多項式の全体の集合を $R[x]$ と書くことにする．

定義 4.2 0 でない多項式 $f(x) = \sum a_i x^i$ において，$a_i \neq 0$ となる最大の自然数 i を $f(x)$ の**次数**とよび，$\deg f$ または $\deg f(x)$ と書く．a_i を $f(x)$ の**最高次係数**とよび，$a_i = \mathrm{LC}(f)$ と書く[*2]．$a_i x^i$ を**主項**とよび，$a_i x^i = \mathrm{LT}(f)$ と書く[*3]．

定義 4.3 多項式 0 を**零多項式**という．

零多項式の次数は定義されない．もしくは便宜的に $-\infty$ と定義する．

例 4.1 $f(x) = 3x^2 + 3x + 2$ は $\mathbb{Z}$ 上の多項式であり，その次数は 2 である．$\mathrm{LC}(f) = 3$ であり，$\mathrm{LT}(f) = 3x^2$ である．　　　　　　　　　　　◁

[*1] 環および体の簡単な説明は 1 章を参照のこと．

[*2] LC=Leading Coefficient.

[*3] LT=Leading Term.

– 55 –

例 4.2 $f(x) = \dfrac{3x^2+1}{x+1}$ は多項式ではない．また，$\mathbb{Z}$ を係数とする多項式全体の集合 $\mathbb{Z}[x]$ において，$\dfrac{1}{3}x^2 + 2x + 2$ は $\mathbb{Z}[x]$ の元ではない． ◁

定義 4.4 $\deg f = 0$ の多項式 $f(x)$ および 0 を**定数**という．

2 つの R 上の多項式

$$f(x) = a_m x^m + a_{m-1} x^{m-1} + \cdots + a_1 x + a_0,$$
$$g(x) = b_n x^n + b_{n-1} x^{n-1} + \cdots + b_1 x + b_0$$

を考える．ただし，a_m, b_n は 0 以外の元とする．また，便宜上 $m \le n$ とし，$a_n = 0, a_{n-1} = 0, \ldots, a_{m+1} = 0$ とする．このとき，多項式の加法は

$$f(x) + g(x) = \sum_{i=0}^{n} (a_i + b_i) x^i$$

で定義される．また，多項式の積は，

$$f(x)g(x) = \sum_{i=0}^{m+n} \left(\sum_{j=0}^{i} a_j b_{i-j} \right) x^i \left(= \sum_{i=0}^{m+n} \left(\sum_{j+k=i} a_k b_j \right) x^i \right)$$

で定義される．

多項式の次数に関しては，一般に以下が成り立つ．

定理 4.1 環 R 上の多項式 $f(x), g(x) \ (\ne 0)$ に対して，

$$\deg(f+g) \le \max\{\deg f, \deg g\},$$
$$\deg(fg) \le \deg f + \deg g$$

が成り立つ．加法の場合は，$\deg f \ne \deg g$ であれば，常に等号は成立する．積の場合は，特に R が整域[*4]であるときには，常に

$$\deg(fg) = \deg f + \deg g$$

[*4] 整域の定義は，定義 1.14 を参照のこと．

が成り立つ.

注意 4.1 R が整域であるならば，$R[x]$ も整域である．有理整数環 $\mathbb{Z}$ は整域であるため，$\mathbb{Z}[x]$ も整域である． ◁

注意 4.2 1変数多項式環 $\mathbb{Z}_6[x]$ の元の積の例を示す．

$$(3x + 2)(2x + 3) = (3 \cdot 2)x^2 + 13x + (2 \cdot 3)$$
$$= (6 \bmod 6)x^2 + (13 \bmod 6)x + (6 \bmod 6)$$
$$= 0x^2 + 1x + 0 = x,$$

$$(3x + 3)(2x + 2) = (3 \cdot 2)x^2 + 12x + (3 \cdot 2)$$
$$= (12 \bmod 6)x^2 + (12 \bmod 6)x + (6 \bmod 6)$$
$$= 0x^2 + 0x + 0 = 0$$

となり，この例では，非零の多項式を掛け合わせることにより零多項式となった．このため，$\mathbb{Z}_6[x]$ は整域ではない．より一般には，n が合成数である場合には $\mathbb{Z}_n[x]$ は整域とならない． ◁

定理 4.2 多項式 $g(x)$ $(\neq 0) \in R[x]$ の最高次係数が可逆であるとする．多項式 $f(x) \in R[x]$ を多項式 $q(x), r(x) \in R[x]$ を用いて次のように表すことを $f(x)$ を $g(x)$ で割るといい，$q(x)$ を商，$r(x)$ を剰余（余り）という．

$$f(x) = q(x)g(x) + r(x)$$

ただし，$\deg r < \deg g$ または，$r(x) = 0$ である．このとき，$q(x), r(x)$ は一意に定まる．

多項式の割り算（商および余りを求める）は必ずしも可能とは限らない．実際に，整数係数多項式同士の割り算は通常分数が生じ，常に割り算ができるとは限らない．ただし，割る多項式の最高次係数が可逆である（例えば，$\mathbb{Z}$ 係数の多項式を $\mathbb{Q}[x]$ の元とみなす）ときには，常に可能である．

K を体として，K 上で定義された2つの1変数多項式の剰余の計算法を示す．多項式 $f, g \in K[x]$（ただし，$g \neq 0$ かつ $\deg f \geq \deg g$）とする．このとき，$x^{\deg f}$

58   4　1変数多項式

は $x^{\deg g}$ で割り切れるので,

$$f^* = f - \frac{\mathrm{LT}(f)}{\mathrm{LT}(g)} g$$

とおくと,

$$\deg f^* < \deg f$$

が成り立つ. 次に, f を f^* に置き換えたものに対して同じ計算を行う. これを繰り返して, 有限回で f の g による剰余を得ることができる.

例 4.3 $f(x) = x^4 - 3x^3 + 2x^2 - 5$, $g(x) = x^2 - 2x - 1 \in \mathbb{R}[x]$ として, $f(x)$ を $g(x)$ で割ったときの剰余を上の方針にもとづき計算する. まず, $\deg f = 4, \deg g = 2$ である.

$$f^*(x) = f - \frac{x^4}{x^2} g(x) = x^4 - 3x^3 + 2x^2 - 5 - x^2(x^2 - 2x - 1) = -x^3 + 3x^2 - 5$$

となる. $\deg f^* = 3$ であり, 確かに $\deg f^* < \deg f$ となっている. 次に,

$$f^{**}(x) = f^* - \frac{-x^3}{x^2} g(x) = -x^3 + 3x^2 - 5 + x(x^2 - 2x - 1) = x^2 - x - 5$$

となる. 確かに $\deg f^{**} < \deg f^*$ となっている. 最後に,

$$f^{***}(x) = f^{**} - \frac{x^2}{x^2} g(x) = x^2 - x - 5 - (x^2 - 2x - 1) = x - 4$$

となる. $x - 4$ が剰余である.   ◁

可換環 $R[x]$ 上の多項式 $f(x) = \sum a_i x^i$ と R 上の元 α に対して $f(x)$ の x のすべてを α に置き換えて得られる R の元 $\sum a_i \alpha^i$ を $f(\alpha)$ と書くことにする.

定理 4.3 (剰余定理) R を単位的可換環とする. $\alpha \in R$ のとき, R 上の多項式 $f(x)$ を $x - \alpha$ で割った剰余は $f(\alpha)$ に等しい.

系 4.1 (因数定理) R を単位的可換環とする. $\alpha \in R$ のとき, R 上の多項式 $f(x)$ が $x - \alpha$ の多項式倍であるための必要十分条件は, $f(\alpha) = 0$ であることである.

定理 4.4 R を整域とし, $f(x) \in R[x]$ を恒等的に 0 ではない n 次多項式とする. このとき, $f(x) = 0$ の解は n 個以下である.

4.1 多　項　式　　59

例 4.4 $R = \mathbb{Z}_7$ とし，$f(x) = x^2 - 4$ とする．このとき，$f(x) = 0$ の解は $2, 5$ の 2 個である． ◁

例 4.5 $R = \mathbb{Z}_{15}$ とし，$f(x) = x^2 - 4$ とする．このとき，$f(x) = 0$ の解は $2, 7, 8, 13$ の 4 個ある．$\mathbb{Z}_{15}$ は整域ではないので解が 2 個以下である必要はない． ◁

$\mathbb{Z}[x]$ は有理整数環 $\mathbb{Z}$ と多くの共通の性質をもつ．

定理 4.5 係数が $\mathbb{Z}$ である 2 つの多項式 $f(x), g(x) \in \mathbb{Z}[x]$ に対して，

$$f(x) = g(x)q(x) + r(x)$$

となる $q(x)$ と $r(x)\,(0 \leq \deg r < \deg g)$ が一意に決まる．ただし，$g(x)$ の最高次の係数は 1 とする．

(証明) 存在性の証明は，整数の場合と類似であるため省略する．一意に定まることを示す．$\deg g = n$ とする．いま，次のように 2 通りに表現できたとする：

$$f = gq + r = g\tilde{q} + \tilde{r}\ (\text{ただし，}\deg r < n, \deg \tilde{r} < n).$$

これより，$g(q - \tilde{q}) = \tilde{r} - r$ が成り立つ．もし $q \neq \tilde{q}$ であるならば，$\mathbb{Z}$ が整域であるので定理 4.1 より

$$\deg\big(g(q - \tilde{q})\big) = \deg g + \deg(q - \tilde{q}) \geq n$$

である．一方，$\deg(r - \tilde{r}) < n$ であるため矛盾である．よって，$q = \tilde{q}$ である．$q = \tilde{q}$ のときは $r - \tilde{r} = 0$ であり，$r = \tilde{r}$ が成り立つ．よって，$q(x), r(x)$ は一意に定まる． ∎

整数に対して最大公約数を定義したのと同様に，多項式の最大公約元を定義する．任意の多項式が一意に因数分解される状況を考える．2 つの多項式 f, g の最大公約元 $\gcd(f, g)$ は，f, g をともに割り切る多項式の中で次数が最大のものとして定義する．

定理 4.6 係数が $\mathbb{Z}$ である 2 つの多項式 $f(x), g(x)$ に対して，$q(x)$ と $r(x)$ を，$f(x) = q(x)g(x) + r(x)$ が成り立つように選ぶ．このとき，$\gcd\big(f(x), g(x)\big) = \gcd\big(g(x), r(x)\big)$ が成り立つ．

60   4 1変数多項式

4.2 既　　約　　性

最初に1変数多項式の既約性を定義する.

定義 4.5 K を体として, K 上の多項式 $f(x) \in K[x]$ が, $K[x]$ の元の積 $f(x) = g(x)h(x)\,(\deg g > 0, \deg h > 0)$ と書けるとき, $f(x)$ は $g(x)$ と $h(x)$ の積に**分解される**といい, $f(x)$ は**可約**であるという. $f(x)$ が可約でないとき, K 上**既約**であるといい, 既約な多項式を**既約多項式**とよぶ.

既約性の判定では, 次に示す定理が有用である.

定理 4.7 (Eisenstein（アイゼンシュタイン）の定理) $\mathbb{Z}[x]$ の定数でない多項式

$$f(x) = a_n x^n + a_{n-1} x^{n-1} + \cdots + a_1 x + a_0$$

に対して, 素数 p が存在して,

(1) $p \nmid a_n$,
(2) $p \mid a_i \ (0 \le i < n)$,
(3) $p^2 \nmid a_0$

を満たすならば, f は $\mathbb{Q}$ 上**既約**である.

例 4.6 整数係数多項式 $f(x) = x^3 - 3x + 3$ を考える. $a_3 = 1, a_2 = 0, a_1 = -3, a_0 = 3$ であるので, $p = 3$ とすると上記3条件を満たす. よって, $f(x)$ は既約である.　　　　　　　　　　　　　　　　　　　　　　　　　　　　　　　　　$\triangleleft$

次に, 少し複雑な例を示す.

例 4.7 p を素数とする.

$$f(x) = x^{p-1} + x^{p-2} + \cdots + x + 1$$

は $\mathbb{Q}$ 上既約であることを確認する. いま, $f(x+1)$ と $f(x)$ の既約性は同一であるので, $f(x+1)$ の既約性を考えることにする.

$$f(x+1) = x^{p-1} + p x^{p-2} + \cdots + \binom{p}{i+1} x^i + \cdots + p$$

が成り立つ．よって，$a_{p-1} = 1, a_0 = p$ であり，$0 < i < p-1$ に対して，

$$a_i = \begin{pmatrix} p \\ i+1 \end{pmatrix}$$

である．いま，$p \nmid 1, p \mid a_i \, (0 \leq i < p-1), p^2 \nmid p$ が成り立つため，$\mathbb{Q}$ 上で既約である． ◁

定理 4.8 一意分解整域 R とその商体 K[*5]に対して，$f(x) \in R[x]$ が $R[x]$ において**既約**であるとする．このとき，$f(x)$ は $K[x]$ においても既約である．

係数が整数である 1 変数多項式を考える．$\mathbb{Z}$ 上の多項式環 $\mathbb{Z}[x]$ に対して，多項式 $f(x) \in \mathbb{Z}[x]$ の係数の最大公約数が 1 であるとき，f を原始多項式という．より一般に，R を一意分解整域とし，1 をその単位元とする．多項式 $f(x) \in R[x]$ の係数の最大公約元が 1 であるとき，f を**原始多項式**という．原始多項式に関しては以下のことが知られている．

定理 4.9 2 つの原始多項式の積は原始多項式である．

定理 4.10 一意分解整域 R 上の 1 変数多項式環 $R[x]$ の原始多項式は既約原始多項式の積に一意に表現できる．

4.3　多項式に対する **Euclid** の互除法

次に，多項式に対する Euclid の互除法に関して述べる．Euclid の互除法により，多項式の最大公約元を求めることができる．

有理数係数の多項式 $f(x), g(x)$ に対して，$\gcd(f(x), g(x))$ を計算するアルゴリズムを示す．このアルゴリズムでは，$f(x), g(x)$ の因数分解を行う必要はない．一般性を失うことなく $\deg f > \deg g$ とする．また，記述の簡単化のため $f_0(x) = f(x), f_1(x) = g(x)$ とする．

$f_0(x)$ と $f_1(x)$ に対し，

[*5]　一意分解整域，商体については，6 章で詳細を述べる．例えば，$R = \mathbb{Z}$ は一意分解整域であり，その商体は $\mathbb{Q}$ である．

62   4 1変数多項式

$$f_0(x) = f_1(x)q_1(x) + f_2(x)$$

を満たす $q_1(x), f_2(x)$ を求める．ここで，$0 \leq \deg f_2 < \deg f_1$ である．定理 4.6 より，$\gcd(f_0, f_1) = \gcd(f_1, f_2)$ が成り立つ．ついで，f_1, f_2 に対しても同様の計算を行うことにより，

$$f_1(x) = f_2(x)q_2(x) + f_3(x)$$

となる $q_2(x), f_3(x)$ を求める．ここで，$0 \leq \deg f_3 < \deg f_2$ であり，$\gcd(f_1, f_2)$ $= \gcd(f_2, f_3)$ である．ここで，f_i の次数は単調に減少することに注意されたい．この操作を，ある i に対して $f_{i+1}(x) = 0$ となるまで繰り返す．この操作は，$f_i(x)$ が有界で単調減少であることから，有限回で停止する．このとき，

$$f_{i-1}(x) = f_i(x)q_i(x)$$

となっている．$\gcd(f, g) = \gcd(f_0, f_1) = \gcd(f_{i-1}, f_i)$ であるが，$\gcd(f_{i-1}, f_i) = f_i$ となるため，$\gcd(f, g) = f_i$ で与えられる．このため，最大公約元は実際に因数分解を行うことなしに求めることができる．

定理 4.11 有理数係数の多項式 $f(x), g(x)$ に対して，$\gcd(f(x), g(x)) = 1$ であるとする．このとき，$f(x)a(x) + g(x)b(x) = 1$ となる多項式 $a(x), b(x)$ が存在する．

例 4.8 $f(x) = x^2 + x + 1, g(x) = x^4 + x^3 + 2x^2 + 2x + 2$ とする．このとき，$\gcd(f(x), g(x)) = 1$ である．さらに，

$$(x^3 + x + 1)f(x) - xg(x) = 1$$

が成り立つ． ◁

注意 4.3 整数または多項式を元とする行列の議論は，工学教程『線形代数 II』[11] を参照のこと． ◁

4.4 1変数多項式の終結式

体 K 上の2つの1変数多項式 $f(x), g(x) \in K[x]$ の次数がそれぞれ m, n であるとする．

$$\begin{cases} f(x) = f_m x^m + f_{m-1} x^{m-1} + \cdots + f_1 x + f_0, \\ g(x) = g_n x^n + g_{n-1} x^{n-1} + \cdots + g_1 x + g_0 \end{cases} \quad (\text{ただし, } f_m \neq 0, g_n \neq 0)$$

とする. このとき, $f(x), g(x)$ に関して $m+n$ 次正方行列

$$\begin{pmatrix} f_m & f_{m-1} & \cdots & f_0 & & & \\ & f_m & f_{m-1} & \cdots & f_0 & & \\ & & \ddots & \ddots & & \ddots & \\ & & & f_m & f_{m-1} & \cdots & f_0 \\ g_n & g_{n-1} & \cdots & g_0 & & & \\ & g_n & g_{n-1} & \cdots & g_0 & & \\ & & \ddots & \ddots & & \ddots & \\ & & & g_n & g_{n-1} & \cdots & g_0 \end{pmatrix}$$

を考える. この行列の行列式を $f(x), g(x)$ の**終結式**とよび, $\mathrm{Res}(f, g)$ と書く.

注意 4.4 体 K が代数的閉体[*6]であるとする. $\mathrm{Res}(f, g) = 0$ であることと, $f(x)$, $g(x) \in K[x]$ が共通の零点をもつことは等価である. ◁

$f(x) = x^3 + x - 2, g(x) = x^2 + x - 2$ を考える. このとき,

$$\mathrm{Res}(f, g) = \det \begin{pmatrix} 1 & 0 & 1 & -2 & 0 \\ 0 & 1 & 0 & 1 & -2 \\ 1 & 1 & -2 & 0 & 0 \\ 0 & 1 & 1 & -2 & 0 \\ 0 & 0 & 1 & 1 & -2 \end{pmatrix} = 0$$

で与えられる. このため, $f(x)$ と $g(x)$ は 1 次以上の公約元をもつ. 実際に, $x-1$ は公約元である.

---

*6　代数的閉体は 7.1.3 項で説明する.

5 群

群とは，結合法則が成り立ち，単位元をもち，任意の元に逆元が存在する代数系である．いくつかの特徴的な群の種類に関して説明を行う．

5.1 群 と は

まず，群の定義を復習する．

定義 5.1 全域で定義された結合的な算法をもつ代数系を半群という．

定義 5.2 単位元をもつ半群をモノイドという．

定義 5.3 モノイド $(E, \cdot)$ のすべての元が逆元をもつとき $(E, \cdot)$ を群という．

モノイド $(E, \cdot)$ の元 $a \in E$ が逆元をもつとき，a は可逆元であるという．

以上を整理すると次のようになる．

定義 5.4 代数系 $(E, \cdot)$ が以下の 4 つの条件を満たすとき，$(E, \cdot)$ は群であるいう．

(1) $\cdot$ が E の全域で定義される．
(2) $\cdot$ は結合的である．
(3) 単位元をもつ．
(4) E のすべての元が逆元をもつ（つまり，E のすべての元が可逆元）．

さらに $\cdot$ が可換であるとき，$(E, \cdot)$ は可換群であるという．

以下の議論では主に次の記法を用いる．群を G とし，算法を $\cdot$，単位元を e とし，元 x の逆元を x^{-1} とする．また，G が可換であることを強調したい場合には，算法を $+$ で表し，単位元を 0，x の逆元としては $-x$ を用いることが多い．また自明である場合には，記号 $\cdot$ を省略することがある．

– 65 –

66   5 群

定理 5.1 $(E, \cdot)$ をモノイドとする．E の中で可逆元の集合を E^* とする．このとき $(E^*, \cdot)$ は群となる，

(証明) 結合法則が成り立つことは自明である．$(E, \cdot)$ の単位元 e は，$e \cdot e = e$ を満たすので，e 自身が逆元である．よって，$e \in E^*$ であり，e は，E^* の単位元である．また，$x \in E^*$ に対して，x^{-1} の逆元は x 自身であるので $x^{-1} \in E^*$ である．次に算法が閉じていることを確認する．$x, y \in E^*$ とする．このとき，x, y には逆元 x^{-1}, y^{-1} が存在する．

$$(x \cdot y) \cdot (y^{-1} \cdot x^{-1}) = x \cdot (y \cdot y^{-1}) \cdot x^{-1} = x \cdot x^{-1} = e$$

であるので，$x \cdot y$ の逆元は存在し，$y^{-1} \cdot x^{-1}$ である．よって，$x, y \in E^*$ のとき，$x \cdot y \in E^*$ であるため，算法は閉じている．以上より，$(E^*, \cdot)$ は群となることが示された． ∎

定義 5.5 群 G の元の個数を G の**位数**という．G の位数を $|G|$ と書く．位数が有限の群を**有限群**という．可換な有限群を特に**有限可換群**とよぶ．

すべての元の組に対して，演算結果を記載した表のことを**演算表**とよぶ．例えば，位数が 3 の可換群を考える．元の集合が $\{e, a, b\}$ で与えられ，e が単位元であるとする．すべての演算結果を明示的に書き下すと，$e \cdot e = e, e \cdot a = a \cdot e = a, e \cdot b = b \cdot e = b, a \cdot a = b, a \cdot b = b \cdot a = e, b \cdot b = a$ となる．これを表の形で記述すると，

	e	a	b
e	e	a	b
a	a	b	e
b	b	e	a

で与えられる．

次に，部分群を定義し，部分群に関するいくつかの性質を述べる．

定義 5.6 群 $(G, \cdot)$ と部分集合 $H \subseteq G$ に対して $(H, \cdot)$ が G と同じ算法で群となるとき，$(H, \cdot)$ は $(G, \cdot)$ の**部分群**であるという．

5.1 群 と は　　67

定義にもとづくと，$(H, \cdot)$ が $(G, \cdot)$ の部分群となるための条件は以下で与えられる．

(1) 算法が全域で定義されている，つまり，任意の $x, y \in H$ に対して $x \cdot y \in H$ である．
(2) H は単位元 e をもつ．
(3) $x \in H$ に対して $x^{-1} \in H$ である．

ここで結合法則は，H が G の部分集合であることから自明に成り立つため，特別に考慮する必要はない．また，H の単位元は存在するならば，G の単位元と同一である．この定義と等価で簡便な条件が存在する．詳しくは，5.3 節で説明を行う．

次に行列における群の例を示す．算法として通常の行列の積を考える．E を n 次単位行列とする．また，2 つの n 次正方行列 A, B に対して，$\det(AB) = \det A \det B$ であること，正則行列 A（逆行列をもつ行列）に対して，$\det A^{-1} = (\det A)^{-1}$ であることを思い出そう．

例 5.1 実数値を成分としてもつ n 次**正則行列**の集合を $\mathrm{GL}(n, \mathbb{R})$ とする．この集合は**一般線形群**とよばれる．実数値を成分としてもち，行列式が 1 となる行列の集合を $\mathrm{SL}(n, \mathbb{R})$ と書く．この集合を**特殊線形群**とよぶ．$\mathrm{SL}(n, \mathbb{R})$ は $\mathrm{GL}(n, \mathbb{R})$ の部分群となる．算法が閉じていること，および逆元が存在することは，$A, B \in \mathrm{SL}(n, \mathbb{R})$ に対して $\det(AB) = \det A \det B = 1$ であること，$\det A^{-1} = 1$ であることより得られる． ◁

例 5.2 正方行列 A が $A^t A = A A^t = E$ を満たすとき，A は**直交行列**であるという（ここで，A^t は，行列 A の転置行列とする）．$\mathrm{O}(n)$ を n 次直交行列の集合とする．$\mathrm{O}(n)$ も $\mathrm{GL}(n, \mathbb{R})$ の部分群となる．直交行列の行列式は 1 か -1 のいずれかであるが，特に行列式が 1 となる直交行列の集合は**特殊直交群**とよばれ，$\mathrm{SO}(n)$ と書く． ◁

例 5.3 特殊線形群 $\mathrm{SL}(n, \mathbb{R})$ の中で特に，行列の成分が整数のものがなす集合 $\mathrm{SL}(n, \mathbb{Z})$ は $\mathrm{SL}(n, \mathbb{R})$ の部分群となる．群となること，具体的には $\mathrm{SL}(n, \mathbb{Z})$ の中に逆元をもつことは，行列式が 1 であることと逆行列の計算手順より示される．詳しくは，工学教程『線形代数 II』[11] の 4 章を参照のこと． ◁

例 5.4 一般線形群 $\mathrm{GL}(n, K)$ は，体 K に対して K の元を成分にもつ可逆な n 次

68   5 群

行列全体がなす群として定義される.例えば $K = \mathbb{C}$ とすると,ユニタリ行列の集合は $\mathrm{GL}(n, \mathbb{C})$ の部分群となる. ◁

次に,群の元のべきを導入する.

定義 5.7 x を群 $(G, \cdot)$ の元とする.$n \in \mathbb{Z}$ に対して x^n を以下のように定義する.

(1) $n = 0$ のとき,$x^n = e$ とする.

(2) $n \geq 1$ のとき,$x^n = x^{n-1} \cdot x$ により再帰的に定義する.

(3) $n \leq -1$ のとき,$x^n = (x^{-1})^{-n}$ で定義する.$-n \geq 1$ であることに注意せよ.

(2) より,$n \geq 1$ に対して,$x^n = \underbrace{x \cdot x \cdot \cdots \cdot x}_{n}$ が成り立つ.

べきについては以下が成立する.

定理 5.2 x を群 G の元とする.$n \in \mathbb{Z}$ に対して,以下が成り立つ.

(1) 任意の $n \in \mathbb{Z}$ に対して,$(x^n)^{-1} = (x^{-1})^n$ である.

(2) 任意の $m, n \in \mathbb{Z}$ に対して,$x^m \cdot x^n = x^{m+n}$ である.

(3) 任意の $m, n \in \mathbb{Z}$ に対して,$(x^m)^n = x^{mn}$ である.

定理 5.3 群 G において 2 つの元 x, y が可換であるためには,$(xy)^2 = x^2 y^2$ であることが必要十分条件である.

(証明) x, y が可換であるとする.このとき,$(xy)^2 = (xy)(xy) = x(yx)y = x(xy)y = (xx)(yy) = x^2 y^2$ が成り立つ.逆に,$(xy)^2 = x^2 y^2$ が成り立つとする.このとき,$xyxy = xxyy$ が成り立つ.左から x^{-1},右から y^{-1} を掛けることにより,$yx = xy$ を得る.よって,x, y は可換となる. ■

次に元の位数を定義する.

定義 5.8 $x^n = e$ となる自然数 n が存在するとき,そのような n の最小値を元 x の**位数**という.

注意 5.1 定義 5.5 において,群 G の元の個数のことを G の位数と定義した.定義 5.8 でも,同じ「位数」という表記を用いていることに注意されたい. ◁

5.2 群 と 対 称 性

5.2.1 対称群（置換対称性）

集合 $S = \{1, 2, \ldots, n\}$ から自分自身への全単射 $\sigma : S \to S$ を n 次の**置換**とよぶ．$j = 1, \ldots, n$ に対して $j \in S$ の行き先 $\sigma(j) = i_j \in S$ が定まると，σ は一意に定まる．通常，σ を

$$\sigma = \begin{pmatrix} 1 & 2 & \cdots & n \\ i_1 & i_2 & \cdots & i_n \end{pmatrix}$$

と書く．全単射であるためには，下段の数字の集合 $\{i_1, \ldots, i_n\}$ が $\{1, 2, \ldots, n\}$ と一致することが必要十分である．このとき，$\{i_1, \ldots, i_n\}$ は $\{1, 2, \ldots, n\}$ を並べ替えたものであるので置換とよばれる．この表記において，上段の要素と下段の要素の対応のみが重要であるため，列を入れ替えて記述をしても意味は変わらない．つまり，$\sigma(j) = i_j$ ということを意味していればどのような記述を用いてもよい．例えば，2 つの置換

$$\begin{pmatrix} 1 & 2 & 3 \\ 2 & 3 & 1 \end{pmatrix}, \quad \begin{pmatrix} 2 & 3 & 1 \\ 3 & 1 & 2 \end{pmatrix}$$

は同一である．

次に，2 つの n 次の置換の積を定義する．

$$\sigma = \begin{pmatrix} 1 & 2 & \cdots & n \\ i_1 & i_2 & \cdots & i_n \end{pmatrix}, \quad \tau = \begin{pmatrix} 1 & 2 & \cdots & n \\ j_1 & j_2 & \cdots & j_n \end{pmatrix}$$

とする．置換の積 $\sigma\tau$ を写像の合成 $\sigma \cdot \tau$ により定義する．つまり，$(\sigma\tau)(j) = \sigma(\tau(j))$ で定義する．

具体的には，置換の積は以下のように計算される．置換 σ の順番を変更し，

$$\sigma = \begin{pmatrix} j_1 & j_2 & \cdots & j_n \\ k_1 & k_2 & \cdots & k_n \end{pmatrix}$$

となったとする．このとき，合成された置換 $\sigma\tau$ は，

$$\sigma\tau = \begin{pmatrix} 1 & 2 & \cdots & n \\ k_1 & k_2 & \cdots & k_n \end{pmatrix}$$

となる．

一般に，$\sigma\tau$ と $\tau\sigma$ は異なるため，積は可換ではない．

70   5 群

例 **5.5** 2つの3次の置換

$$\sigma = \begin{pmatrix} 1 & 2 & 3 \\ 1 & 3 & 2 \end{pmatrix}, \quad \tau = \begin{pmatrix} 1 & 2 & 3 \\ 2 & 1 & 3 \end{pmatrix}$$

を考える．このとき，$\sigma \cdot \tau, \tau \cdot \sigma$ は，

$$\sigma \cdot \tau = \begin{pmatrix} 1 & 2 & 3 \\ 3 & 1 & 2 \end{pmatrix}, \quad \tau \cdot \sigma = \begin{pmatrix} 1 & 2 & 3 \\ 2 & 3 & 1 \end{pmatrix}$$

となる．この例では，確かに $\sigma\tau \neq \tau\sigma$ である．   ◁

置換

$$\sigma = \begin{pmatrix} 1 & 2 & \cdots & n \\ 1 & 2 & \cdots & n \end{pmatrix}$$

は，すべての i に対して $\sigma(i) = i$ であり，値を変化させないので，この置換を**恒等置換**とよぶ．この置換を e と書くことにする．

n 次の置換全体を S_n とする．このとき，次の定理 5.4 で示すように S_n は群となる．S_n は n **次対称群**とよばれる．

定理 5.4 n 次対称群 S_n は，置換の合成・を演算とする群である．

(**証明**) 群の性質をすべて満たすことを確認する．

(1) S_n の任意の元 σ, τ に対して，$\sigma\tau$ が定義され，$\sigma\tau \in S_n$ である．すなわち，算法が閉じている．これは，定義より明らかに成り立つ．

(2) S_n の任意の3つの元 $\sigma_1, \sigma_2, \sigma_3$ に対して，

$$\sigma_1(\sigma_2\sigma_3) = (\sigma_1\sigma_2)\sigma_3$$

が成り立つ．任意の j に対して，

$$(\sigma_1(\sigma_2\sigma_3))(j) = \sigma_1(\sigma_2\sigma_3(j)) = \sigma_1(\sigma_2(\sigma_3(j)))$$

が成り立つ．同様に，

$$((\sigma_1\sigma_2)\sigma_3)(j) = (\sigma_1\sigma_2)(\sigma_3(j)) = \sigma_1(\sigma_2(\sigma_3(j)))$$

が成り立つため，結合法則が成り立つ．

5.2 群 と 対 称 性　　71

(3) G の任意の元 σ に対して,

$$\sigma e = e\sigma = \sigma$$

が成り立つ. $(e\sigma)(j) = e(\sigma(j)) = \sigma(j)$ であり, $(\sigma e)(j) = \sigma(e(j)) = \sigma(j)$ であるので, e が単位元となる.

(4) G の任意の元 σ に対して, $\sigma\tau = \tau\sigma = e$ を満たす G の元 τ が存在する.

$$\sigma = \begin{pmatrix} 1 & 2 & \cdots & n \\ i_1 & i_2 & \cdots & i_n \end{pmatrix}$$

とすると, τ として

$$\tau = \begin{pmatrix} i_1 & i_2 & \cdots & i_n \\ 1 & 2 & \cdots & n \end{pmatrix}$$

ととれば, 任意の j に対して, $\tau(\sigma(j)) = \sigma(\tau(j)) = j$ となり, 確かに $\sigma\tau = \tau\sigma = e$ となる. ∎

S_n の位数については次が成り立つ.

定理 5.5 n 次対称群 S_n の位数 $|S_n|$ は, $n!$ で与えられる.

次に置換を理解する上で重要である**巡回置換**の説明を行う. n 次の置換のうちで, 異なる $i_1, \ldots, i_l$ に対して i_1 を i_2 へ, i_2 を i_3 へ順に移し, i_l を i_1 に移し, 他の要素に関しては, 変化させない置換を l 次の巡回置換とよび, $(i_1, \ldots, i_l)$ と書く. 特に, 異なる i, j に対して, 2 次の巡回置換 (i, j) を**互換**とよぶ.

定理 5.6 すべての置換は巡回置換の積で記述できる.

定理 5.7 すべての巡回置換は互換の積で記述できる. 特に, 巡回置換 $(i_1, \ldots, i_l)$ に対して,

$$(i_1, \ldots, i_l) = (i_1, i_l)(i_1, i_{l-1}) \cdots (i_1, i_2)$$

である.

例 5.6 巡回置換 $(1, 3, 6)$ を考える. 定理 5.7 に従えば,

$$(1, 3, 6) = (1, 6)(1, 3)$$

となる. $(1,6)(1,3)(1) = (1,6)(3) = 3, (1,6)(1,3)(3) = (1,6)(1) = 6, (1,6)(1,3)(6)$ $= (1,6)(6) = 1$ より, 確かに $(1,6)(1,3)$ は巡回置換 $(1,3,6)$ と等しい. ◁

定理 5.7 より, すべての置換は互換の積で記述することができる. 次の定理はさらに強いことを主張している.

定理 5.8 すべての互換は, 隣接する要素の互換の積で記述できる. 特に, $i < j$ である互換 (i,j) に対して,

$$(i,j) = (i,i+1)(i+1,i+2)\cdots(j-1,j)(j-2,j-1)\cdots(i+1,i+2)(i,i+1)$$

である.

例 5.7 互換 $(2,5)$ を考える. 定理 5.8 に従えば,

$$(2,5) = (2,3)(3,4)(4,5)(3,4)(2,3)$$

となる. 置換の前半部分 $(4,5)(3,4)(2,3)$ を σ^* とおく. いま, $\sigma^*(1) = 1, \sigma^*(2) = 5,$ $\sigma^*(3) = 2, \sigma^*(4) = 3, \sigma^*(5) = 4$ である. これにより, $\sigma(2) = 5$ を達成している. 置換の後半部分 $(2,3)(3,4)$ により, $\sigma(3) = 3, \sigma(4) = 4$ に戻すとともに, $\sigma(5) = 2$ を達成している. ◁

これより次の定理が成り立つ.

定理 5.9 n 次のすべての置換は, 互換の積で記述できる. さらに, 隣接する要素による互換 $(i,i+1)$ (ただし $1 \leq i \leq n-1$) の積として記述できる.

類似の定理として, 次も成り立つ.

定理 5.10 n 次のすべての置換は互換の積で記述できる. さらに, 互換 $(1,k)$ (ただし $2 \leq k \leq n$) の積として記述できる.

置換の互換の積への分解は複数存在し, なおかつ, 用いる互換の個数も一意に定まらない. しかし, 互換の個数が偶数であるか, 奇数であるかは定まる. 偶数個の互換の積で表現できる置換を**偶置換**, 奇数個の互換の積で表現される置換を

奇置換とよぶ.

対称群の部分群を一般に**置換群**とよぶ. n 次対称群 S_n の偶置換全体の集合を A_n とすると, A_n は S_n の部分群をなす. これを**交代群**とよぶ.

例 5.8 置換

$$\sigma = \begin{pmatrix} 1 & 2 & 3 & 4 \\ 3 & 2 & 4 & 1 \end{pmatrix}$$

を考える. これは, 巡回置換を使って $(1,3,4)$ と表せる. 定理 5.7 より, $(1,3,4) = (1,4)(1,3)$ となる. また, 定理 5.8 より,

$$(1,3) = (1,2)(2,3)(1,2),$$
$$(1,4) = (1,2)(2,3)(3,4)(2,3)(1,2)$$

であるので,

$$(1,3,4) = (1,2)(2,3)(3,4)(2,3)(1,2)(1,2)(2,3)(1,2)$$

となるが, 互いに打ち消し合う項を削除すると, $(1,3,4) = (1,2)(2,3)(3,4)(1,2)$ となる. 以上より,

$$\sigma = \begin{pmatrix} 1 & 2 & 3 & 4 \\ 3 & 2 & 4 & 1 \end{pmatrix} = (1,3,4) = (1,4)(1,3) = (1,2)(2,3)(3,4)(1,2)$$

となる. このように, 互換に制限した場合でも表現法は一意ではない. ◁

例 5.9 置換

$$\sigma = \begin{pmatrix} 1 & 2 & 3 & 4 \\ 3 & 4 & 1 & 2 \end{pmatrix}$$

を考える. これは, 互換 $(1,3)$ と $(2,4)$ の積で表現できる. この 2 つの互換は可換であるので,

$$\sigma = \begin{pmatrix} 1 & 2 & 3 & 4 \\ 3 & 4 & 1 & 2 \end{pmatrix} = (1,3)(2,4) = (2,4)(1,3)$$

である. ◁

3 次の対称群 S_3 を考える. S_3 は明示的に

$$S_3 = \{e, (1,2), (1,3), (2,3), (1,2,3), (1,3,2)\}$$

で与えられる．ここで $a = (1,2), b = (1,3)$ を考えると，すべての元は，

$$e = a^2,\ (1,2) = a,\ (1,3) = b,\ (2,3) = bab,\ (1,2,3) = ba,\ (1,3,2) = ab$$

というように a と b のみを用いて表現することができる．このように，それらの元だけで G のすべての元を表現することができる G の部分集合を，G の**生成元**とよぶ．

いま，a と b の間には

$$a^2 = e,\ b^2 = e,\ aba = bab$$

という関係が成り立っている．これらの関係を用いると，任意の a と b から構成される列を簡約化することができる．例えば，

$$abababbba = ababa(bb)ba = abababa = (aba)baba = babbaba$$
$$= ba(bb)aba = baaba = b(aa)ba = bba = a$$

となる．

5.2.2　点　　群

a.　二面体群

n を 3 以上の自然数とする．正 n 角形を，自分自身に移す合同変換全体の集合を D_n とおく．この D_n の構造を調べる．原点を中心にして，$2\pi/n$ の反時計回りの回転を σ とおき，原点を通る直線に関する鏡像変換を τ とする（図 5.1 を参照）．時計回りの $2\pi/n$ 回転は σ^{-1} となる．さらに，i は自然数として，σ^i は反時計回りに，$2\pi i/n$ 回転させたものとする．e を恒等変換とすると，明らかに $\sigma^n = e$ である．$\sigma^i \cdot \sigma^j = \sigma^{i+j}$ であり，$i \neq j \pmod{n}$ であるとき，$\sigma^i \neq \sigma^j$ である．また，明らかに，$\tau^2 = e$ である．σ と τ の間には，

$$\sigma \cdot \tau \cdot \sigma \cdot \tau = e$$

という関係がある．これは，$2\pi/n$ 回転（σ）後に鏡像変換（τ）したもの（$\tau\sigma$）と，鏡像変換（τ）後に逆方向に $2\pi/n$ 回転（σ^{-1}）したもの（$\sigma^{-1}\tau$）が等しいことから導かれる．同様に考えると，すべての整数 i に対して，

$$\sigma^i \cdot \tau \cdot \sigma^i \cdot \tau = e$$

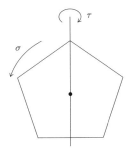

図 **5.1** $n = 5$ のとき

が成り立つ. D_n は, σ と τ を用いて,

$$D_n = \{e, \sigma, \sigma^2, \ldots, \sigma^{n-1}, \tau, \tau\sigma, \tau\sigma^2, \ldots, \tau\sigma^{n-1}\}$$
$$= \{\tau^k \sigma^k | k = 0, 1, l = 0, 1, \ldots, n-1\}$$

と表現できる. D_n は位数 $2n$ の群となり, これを n 次の**二面体群**とよぶ.

例 5.10 D_4 の演算表は以下のように与えられる.

	e	σ	σ^2	σ^3	τ	$\tau\sigma$	$\tau\sigma^2$	$\tau\sigma^3$
e	e	σ	σ^2	σ^3	τ	$\tau\sigma$	$\tau\sigma^2$	$\tau\sigma^3$
σ	σ	σ^2	σ^3	e	$\tau\sigma^3$	τ	$\tau\sigma$	$\tau\sigma^2$
σ^2	σ^2	σ^3	e	σ	$\tau\sigma^2$	$\tau\sigma^3$	τ	$\tau\sigma$
σ^3	σ^3	e	σ	σ^2	$\tau\sigma$	$\tau\sigma^2$	$\tau\sigma^3$	τ
τ	τ	$\tau\sigma$	$\tau\sigma^2$	$\tau\sigma^3$	e	σ	σ^2	σ^3
$\tau\sigma$	$\tau\sigma$	$\tau\sigma^2$	$\tau\sigma^3$	τ	σ^3	e	σ	σ^2
$\tau\sigma^2$	$\tau\sigma^2$	$\tau\sigma^3$	τ	$\tau\sigma$	σ^2	σ^3	e	σ
$\tau\sigma^3$	$\tau\sigma^3$	τ	$\tau\sigma$	$\tau\sigma^2$	σ	σ^2	σ^3	e

ここで, 例えば, $\sigma^3 \tau = \tau\sigma$ となる. これは, 一般に $i = 0, 1, 2, 3$ に対して $\sigma^i \tau = \tau\sigma^{-i} = \tau\sigma^{n-i}$ であることによる. ◁

二面体群の各元の異なる表現を導入する. いま, 元 $\tau^k \sigma^l \in D_n$ を (k, l) と書くことにする. 2 つの元 $(k_1, l_1), (k_2, l_2)$ の演算は

$$(k_1, l_1) \cdot (k_2, l_2) = \big((k_1 + k_2) \bmod 2, (l_2 + (-1)^{k_2} l_1) \bmod n\big)$$

76   5 群

と書くことができる.

b.   正多面体群

　3次元空間で正 n 面体は $n = 4, 6, 8, 12, 20$ の5つしかないことが知られている.
重心を中心とする回転で正 n 面体を自分自身に移すもの全体の集合を考える[*1].
このとき, この集合は群となる. それぞれ, 正四面体群, 正六面体群, 正八面体
群, 正十二面体群, 正二十面体群とよぶ. 群の位数(つまり, 変換の個数)およ
び同型な群に関しては, 表 5.1 からわかるように, 正六面体群と正八面体群, 正
十二面体群と正二十面体群が, それぞれ一致する. この事実は頂点と面を交換す
る双対性からも説明することができる.

注意 5.2　以上の議論において, 群の元は回転, 鏡像などの「変換」である. しか
しこのままでは, 計算機実装などにおいて困難を引き起こす. そのため, 群の元
を行列を用いて表現することが行われている. 具体的には, 群の元を正則行列で
表現し, 実際の計算ではその行列を用いる, というものである. 群の表現に関し
ては, 工学教程『線形代数 II』[11] などを参照のこと.　　　　　　　　　　　◁

5.3　群　の　構　造

5.3.1　部　　分　　群

　G 自身は, G の部分群である. また, 単位元だけの集合 $\{e\}$ も G の部分群であ
る. この群を特に, **単位群**とよぶ.
　以下に示す2つの定理は, 部分群での単位元および逆元は, もとの群の単位元,
逆元と一致するというごく自然なことを主張している. そのため単位元, 逆元と

表 **5.1**　正 n 面体群の位数

n	4	6	8	12	20
位数	12	24	24	60	60
同型な群	A_4	S_4	S_4	A_5	A_5

[*1]　ここでは簡単のため, 鏡像変換は考えない.

いったときに，群 G での単位元，逆元であるのか，部分群 H での単位元，逆元であるのかを区別する必要がない．

定理 5.11 H を群 G の部分群とする．このとき，H の単位元は G の単位元と一致する．

(証明) G の単位元を e，H の単位元を e' とする．e' の G での逆元を $x \in G$ とおく．定義より，G では $e'x = xe' = e$ となる．$e' = ee' = (xe')e' = x(e'e') = xe' = e$ となる．よって，$e' = e$ である． ∎

定理 5.12 H を群 G の部分群とする．$c \in H$ の H での逆元は c の G での逆元と一致する．

(証明) c の H での逆元を c'，G での逆元を x とする．このとき，群 G では，$c' = c'e = c'(cx) = (c'c)x = ex = x$ であるので，$c' = x$ である． ∎

H が G の部分群となるための条件を 5.1 節で見たが，等価な条件として以下のものがある．

定理 5.13 群 $(G, \cdot)$ と G の部分集合を H に対して，$(H, \cdot)$ が $(G, \cdot)$ の部分群であるための必要十分条件は，「任意の $x, y \in H$ に対して，$x \cdot y \in H$ かつ $x^{-1} \in H$ となる」ことである．

(証明) 算法が閉じていること，逆元の存在性は（単位元が存在すれば）示されているので，H 内に単位元が存在すること示せばよい．$x^{-1} \in H$ であるので，$x \cdot x^{-1} = e \in H$ である． ∎

より簡便な条件として，以下の定理が知られている．

定理 5.14 群 $(G, \cdot)$ と G の部分集合 H に対して，$(H, \cdot)$ が $(G, \cdot)$ の部分群であるための必要十分条件は「任意の $x, y \in H$ に対して，$x^{-1} \cdot y \in H$ となる」ことである．

（証明） $y = x$ とおくと $x^{-1} \cdot x = e \in H$ であるので，H 内に単位元 e は存在する．次に，$y = e$ とする．$x \in H$ であれば，$x^{-1} = x^{-1} \cdot e \in H$ であるので，すべての元 $x \in H$ に対して逆元が存在する．すべての $x, y \in H$ に対して，$x^{-1} \in H$ であるので，$x \cdot y = (x^{-1})^{-1} \cdot y \in H$ となり，確かに算法は閉じている．以上より，$(H, \cdot)$ は群となる． ■

1章での集合に対する記法を拡大解釈して

$$H^{-1} = \left\{ x^{-1} \mid x \in H \right\}$$

と書くことにする．集合の記法を使えば，定理 5.13 で述べた条件は，$H \cdot H \subseteq H$ かつ $H^{-1} \subseteq H$ と記述することができる．定理 5.14 で述べた条件は，$H^{-1} \cdot H \subseteq H$ と記述することができる．

群 G のすべての部分群 H は，G での単位元を含んでいる．よって，2つの部分群 H_1, H_2 に対して $e \in H_1 \cap H_2$ であり，$H_1 \cap H_2$ は空集合ではない．空集合でないだけでなく，さらに強力なことがいえる．

定理 5.15 $H_1, H_2 \, (\in G)$ が群 G の部分群であるとする．このとき，$H_1 \cap H_2$ も G の部分群である．

（証明） $x, y \in H_1 \cap H_2$ とする．$x, y \in H_1$ であるので，$x^{-1} \cdot y \in H_1$ である．同様に，$x, y \in H_2$ であるので $x^{-1} \cdot y \in H_2$ である．よって，すべての $x, y \in H_1 \cap H_2$ に対して $x^{-1} \cdot y \in H_1 \cap H_2$ となる．したがって，$H_1 \cap H_2$ も G の部分群となる． ■

注意 5.3 その一方で，一般に $H_1 \cup H_2$ は G の部分群とはならない． ◁

定理 5.16 H が群 G の空でない有限部分集合であり，G の乗法に関して閉じているならば，H は G の部分群である．

（証明） $H = \{e\}$ の場合は自明である．ついで $H \neq \{e\}$ の場合を考える．H の e 以外の元を a とする．$e \in H$ であること，$a^{-1} \in H$ であることを示せば，証明は完了する．$a \cdot a = a^2 \in H$ などが成り立つため，任意の $r \in \mathbb{N}$ に対して，$a^r \in H$ となる．H は有限集合であるので，ある $s > t > 1$ に対して $a^s = a^t$ が成り立つ．

$n = s - t > 0$ とおくと, $a^n = e$ となり, $e \in H$ となる. $a \neq e$ より $n > 1$ であり, $a^{n-1} \cdot a = a \cdot a^{n-1} = e$ が成り立つため, $a^{-1} = a^{n-1} \in H$ となる. よって常に逆元が存在し, H は群となる. ■

5.3.2 剰　余　類

部分群をもとに同値関係を定義し, この同値関係をもとにして剰余類を導入する.

定理 5.17 H を群 G の部分群とする. G 上の関係 $\sim$ を「$x, y \in G$ に対して, $x^{-1} \cdot y \in H$ のとき, $x \sim y$」で定める. このとき, $\sim$ は同値関係となる.

(証明) $\sim$ が反射的であること, 対称的であること, 推移的であることを確認する. 任意の $x \in G$ に対して, $x^{-1} \cdot x = e \in H$ であるので, $x \sim x$ であり, $\sim$ は反射的である. $x, y \in G$ に対して, $x \sim y$ とする. このとき, ある $z \in H$ が存在して, $x^{-1} \cdot y = z \in H$ となる. このとき, $z^{-1} = y^{-1} \cdot x$ であるが, H は群であるので, $z^{-1} \in H$ である. よって, $y^{-1} \cdot x \in H$ であり, $y \sim x$ が成り立つため, $\sim$ は対称的である. $x, y, z \in G$ に対して, $x \sim y, y \sim z$ が成り立つとする. このとき, ある $a, b \in H$ が存在して, $a = x^{-1} \cdot y, b = y^{-1} \cdot z$ となる. このとき,

$$ab = (x^{-1} \cdot y)(y^{-1} \cdot z) = x^{-1} \cdot (y \cdot y^{-1}) \cdot z = x^{-1} \cdot z \in H$$

となる. よって, $x \sim z$ であり, 推移的である. 以上より, $\sim$ は同値関係となる. ■

定義 5.9 $\sim$ による同値類を G の H による**左剰余類**という. 左剰余類全体の集合を G/H で記述する.

逆に, $x \cdot y^{-1} \in H$ のとき $x \sim y$ と定義すると, これも同値関係となる. この同値類を**右剰余類**とよぶ.

定理 5.18 左剰余類 A を考える. A の任意の元 a に対して, $A = a \cdot H$ が成り立つ.

80   5 群

(証明) $a \in A$ に対して, 集合として, $A = a \cdot H$ であることを示すには, $A \subseteq a \cdot H$ かつ $a \cdot H \subseteq A$ であることを示せばよい. いま, $b \in A$ とする. このとき, $a \sim b$ であり, $a^{-1} \cdot b \in H$ が成り立つ. いま, $a^{-1} \cdot b = c \in H$ とおく. このとき, $b = a \cdot c$ である. c は H の元であるので, $b \in a \cdot H$ である. 逆に, $c \in a \cdot H$ とする. つまり, ある $b \in H$ が存在して $c = a \cdot b$ である. ここで $a^{-1} \cdot c = b$ である. b は H の元であるので $a \sim c$ であり, $c \in A$ となる. ■

このように, 左剰余類 A から適当に元をとることにより, A のすべての元を表現することができる. この元を**代表元**とよぶことにする. 定理 5.18 の主張から明らかなように, A の元であるならばどの元を代表元としてもよい. しかし, A の素性を (何らかの意味で) 最も明確に表現する元を代表元とすることが一般的である.

定理 5.19 H は G の有限部分群であるとし, A を G の H による左剰余類の 1 つとする. このとき, $|H| = |A|$ である.

(証明) 写像 $f : H \to A$ を, $f(x) = a \cdot x$ で定義する. この写像は全単射である. よって, $|H| = |A|$ である. ■

定理 5.20 H を有限群 G の部分群とする. このとき, $|G|/|H|$ は自然数である.

(証明) $a \notin H$ とする. このとき, $H \cap aH = \emptyset$ である. G の H による左剰余類を $A_1, \ldots, A_k$ とする. このとき, 任意の異なる i, j に対して, $A_i \cap A_j = \emptyset$ である. G のすべての元は, $A_1, \ldots, A_k$ のいずれかに属するので, $G = A_1 \cup A_2 \cup \cdots \cup A_k$ となる. よって, $|G| = \sum_{i=1}^{k} |A_i|$ である. また, すべての i に対して, $|A_i| = |H|$ であるため, $|G| = k|H|$ が成り立つ. よって, $|G|/|H|$ は自然数である. ■

H の左剰余類の個数を, H の G による**指数**とよび, $[G : H]$ で表す. これより,

$$|G| = |H| \times [G : H]$$

が成り立つ.

5.3 群の構造　　81

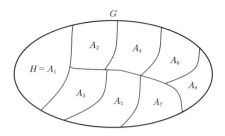

図 **5.2** 剰余類への分割

次に，**左完全代表系**を説明する．各左剰余類から 1 個ずつ代表元を選び，それら全体のなす集合を G の H に関する左完全代表系という．代表元の集合を，$\{a_\lambda\}_{\lambda \in \Lambda}$ とすれば，

$$G = \bigcup_{\lambda \in \Lambda} a_\lambda H$$

と記述できる．図 5.2 のように，G は剰余類に分割される．各剰余類 $a_\lambda H$ は重複がなく，なおかつ，G をすべて埋め尽くしている．

5.3.3　正規部分群

剰余類同士の算法を適切に定義することにより，群を構成することを考える．群が構成できるために必要となる部分群 H の特徴を議論する．

議論のスタートとして，a_i, a_j を代表元にもつ剰余類 $A_i(= a_i H), A_j(= a_j H)$ 間の算法を $A_i \cdot A_j = (a_i a_j) H$ で定義することにする．この算法は，はたして意味をもつのであろうか？　算法として意味をもつためには，代表元の取り方によらず，元 $(a_i a_j) H$ が一意に定まることが必要である．

後で証明することになるが，H が**正規部分群**であるときには，値 $(a_i a_j) H$ が一意に定まり，H による同値類は群となる．まず，正規部分群の説明を行う．

定義 5.10 (正規部分群の定義 1) N を群 $(G, \cdot)$ の部分群とする．任意の $x \in G$ に対して，$x \cdot N \cdot x^{-1} = N$ が成り立つとき，N を G の正規部分群という．

正規部分群の定義に関しては，以下の定義を採用している教科書もある．

82   5 群

定義 5.11 (正規部分群の定義 2) N を群 $(G, \cdot)$ の部分群とする．任意の $x \in G$ に対して，$x \cdot N = N \cdot x$ が成り立つとき，N を G の正規部分群という．

定義 5.12 (正規部分群の定義 3) N を群 $(G, \cdot)$ の部分群とする．任意の $x \in G$ に対して，$x \cdot N \cdot x^{-1} \subseteq N$ が成り立つとき，N を G の正規部分群という．

定理 5.21 正規部分群に関するの 3 つの定義は等価である．

(証明) 定義 5.10 と定義 5.11 の等価性は自明である．部分群 N が定義 5.12 を満たすとき，定義 5.10 を満たすことを確認する．任意の $x \in G$ に対して，$x \cdot N \cdot x^{-1} \subseteq N$ であるとする．$x^{-1} \in G$ であるので，$x^{-1} \cdot N \cdot x \subseteq N$ である．よって，$N \subseteq x \cdot N \cdot x^{-1}$ となる．したがって，$x \cdot N \cdot x^{-1} = N$ が成り立つため，定義 5.10 と定義 5.12 は等価である．以上より，3 つの定義は等価である．∎

N が G の正規部分群であることを $N \triangleleft G$ と書くことにする．また，定義 5.11 より，N が正規部分群であるときには，左剰余類と右剰余類は一致することがわかる．

定理 5.22 N を群 G の正規部分群とする．G の N による 2 つの剰余類 A_i, A_j に対してその代表元を a_i, a_j とする．G/N の中の算法 $\cdot$ を，$A_i \cdot A_j = (a_i \cdot a_j)N$ と定義する．このとき，G の N による剰余類の集合と算法は，群をなす．

(証明) G/N が群であることを示すには，算法が矛盾なく定義されていること，算法が閉じていること，結合的であること，単位元が存在すること，任意の元に対して逆元が存在することを示せばよい．

G の N による剰余類の集合は，有限である必要はないが，簡単のため可算であるものとし，$A_1, A_2, \ldots$ とする．A_i の代表元を a_i とすると，$A_i = a_i \cdot N$ で記述される．N による同値関係と算法 $\cdot$ が両立していれば，G/N での算法は矛盾なく定義される．A, B を剰余類とし，$a, a' \in A, b, b' \in B$ とする．このとき，$n_1, n_2 \in N$ に対して，$a' = an_1, b' = bn_2$ が成り立つ．いま，$a' \cdot b' \sim a \cdot b$ であることを示せばよい．

$$a' \cdot b' = an_1 bn_2 = abb^{-1}n_1 bn_2 = abn_1' n_2 = abn'$$

となる．ここで，$n_1' = b^{-1}n_1b \in N$ であり，$n' = n_1'n_2 \in N$ である．よって，$a' \cdot b' \sim a \cdot b$ であり，算法は矛盾なく定義される．

G/N の単位元は，G の単位元 e に対する剰余類 N である．実際，$a_iN \cdot N = (a_i \cdot e)N = a_iN$ となるため，剰余類 N が単位元となる．剰余類 a_iN の逆元は，$a_i^{-1}N$ である．実際，$a_i^{-1}N \cdot a_iN = a_iN \cdot a_i^{-1}N = (a_i \cdot a_i^{-1})N = N$ となるため，a_iN の逆元は，$a_i^{-1}N$ となる．以上より，G/N は群となる． ■

この剰余類の集合がなす群を N による G の**剰余群**といい，$(G/N, \cdot)$ で表す．

定理 5.22 の証明において，正規部分群の定義として定義 5.11 を用いると証明が楽になる．定義 5.11 は，N が正規部分群である場合には，任意の $x \in G, n \in N$ に対して適切に $n' \in N$ を選ぶと，

$$x \cdot n' = n \cdot x$$

と表現できることを保証している．つまり，異なる元になるものの，算法のある種の交換が可能である．そのため，

$$a'b' = an_1bn_2 = abn_1'n_2$$

という変形が可能である．

定理 5.23 G を可換群とする．G の部分群は，すべて正規部分群である．

(証明) N を G の部分群とする．任意の $x \in G$ に対して，$xNx^{-1} \subseteq N$ であることを示す．$y \in xNx^{-1}$ とする．このとき，ある $n \in N$ に対して，$y = xnx^{-1}$ と書くことができる．G は可換であるので，$y = xnx^{-1} = xx^{-1}n = n \in N$ である．よって，N は正規部分群である． ■

$\{e\}$ は G の自明な正規部分群である．ここで剰余群 $G/\{e\}$ を考える．このとき，$x^{-1} \cdot y = e$ のとき $x \sim y$ となる．つまり，$x = y$ のときのみ $x \sim y$ である．簡単のため，G は有限集合であるとする．$G = \{g_1, \ldots, g_n\}$ とおくと，以上の議論より，$G/\{e\} = \{\{g_1\}, \ldots, \{g_n\}\}$ となる．よって，$G \cong G/\{e\}$ となる．また，G 自身も G の自明な正規部分群である．同様に $G/G \cong \{G\}$ となる．

定義 5.13 G の正規部分群として自明なもの（$\{e\}$ と G 自身）しか存在しないとき，G を**単純群**とよぶ．

84   5 群

定理 5.24 指数 $[G:N] = 2$ となる部分群 N は G の正規部分群である.

(証明) $g \notin N$ とする. 指数が 2 であることより,

$$G = gN \cup N, \; gN \cap N = \emptyset$$

が成り立つ. 同様に,

$$G = Ng \cup N, \; Ng \cap N = \emptyset$$

も成り立つ. これより, 任意の $g \in G$ に対して ($g \in N$ のときは自明), $gN = Ng$ が成り立つ. よって, N は正規部分群である. ∎

N を群 G の正規部分群とする. 写像 $f: G \to G/N$ を $f(x) = xN$ で定義する. この f は準同型写像となり, **自然な準同型写像**とよばれる.

5.3.4 群の準同型定理

この項では, 準同型写像により生じる正規部分群を考える.

定理 5.25 G, G' を群として, $f: G \to G'$ を準同型写像とする. また, G の単位元を e, G' の単位元を e' とする. このとき,

(1) $f(e) = e'$,
(2) 任意の $x \in G$ に対して, $f(x^{-1}) = f(x)^{-1}$

が成り立つ.

(証明) $f(e) = f(e \cdot e) = f(e) \cdot f(e)$ が成り立つ. 両辺に $f(e)^{-1}$ を掛けることにより $e' = f(e)$ となる. よって (1) が示された. f は準同型写像であるので, $x \in G$ とすると $f(x) \cdot f(x^{-1}) = f(x \cdot x^{-1}) = f(e) = e'$ となる. よって, $f(x^{-1}) = f(x)^{-1}$ となり, (2) が示された. ∎

写像に付随した同値関係の復習をする. $x, y \in G$ に対して, $f(x) = f(y)$ のときに $x \sim y$ と定義すると, $\sim$ は G 上の同値関係となる. 特に f が準同型写像であるときには, $f(x^{-1} \cdot y) = f(x)^{-1} \cdot f(y)$ より, $f(x) = f(y)$ と $f(x^{-1} \cdot y) = e'$ は同値である.

定義 5.14 X, Y を群とし，Y の単位元を e_Y とする．写像 $f : X \to Y$ に対して，集合 $\mathrm{Ker}\, f$ を，

$$\mathrm{Ker}\, f = \left\{ x \in X \mid f(x) = e_Y \right\}$$

で定義する．

定理 5.26 群の準同型写像 $f : X \to Y$ が単射になるためには，$\mathrm{Ker}\, f = \{e_X\}$ となることが必要十分である．ただし，e_X は X の単位元である．

(証明) f が単射であるとする．このとき，$|\mathrm{Ker}\, f| = 1$ である．定理 5.25(1) より，$e_X \in \mathrm{Ker}\, f$ であるため，$\mathrm{Ker}\, f = \{e_X\}$ である．逆に $\mathrm{Ker}\, f = \{e_X\}$ とする．$x, y \in X$ が $f(x) = f(y)$ を満たすとする．$f(x \cdot y^{-1}) = f(x) \cdot f(y)^{-1} = e_Y$ である．よって，$x \cdot y^{-1} \in \mathrm{Ker}\, f$ である．いま，$\mathrm{Ker}\, f = \{e_X\}$ であるため，$x \cdot y^{-1} = e_X$ であり，$x = y$ となる．以上より単射である． ■

定理 5.27 G, H を群とする．準同型写像 $f : G \to H$ に対して，$f(G)$ は H の部分群となる．

(証明) 任意の $x \in G$ に対して $f(x) \in H$ であるので，$f(G)$ は H の部分集合である．$f(x), f(y) \in f(G)$ とする．$f(x) \cdot f(y) = f(x \cdot y)$ であり，$x \cdot y \in G$ であるので，$f(x) \cdot f(y) \in f(G)$ となり，算法は閉じている．$x, y, z \in G$ に対して，$(f(x) \cdot f(y)) \cdot f(z) = f(x \cdot y) \cdot f(z) = f((x \cdot y) \cdot z) = f(x \cdot (y \cdot z)) = f(x) \cdot (f(y) \cdot f(z))$ であり，結合的である．$f(x) \cdot f(e) = f(x \cdot e) = f(x)$ であるので，$f(G)$ の単位元は $f(e)$ である．$f(x) \cdot f(x^{-1}) = f(x \cdot x^{-1}) = f(e)$ であるので，$f(x) \in f(G)$ の逆元は $f(x^{-1})$ となる．ここで，$x \in G$ であることを用いている．よって，$f(G)$ は H の部分群となる． ■

定理 5.28 G, H を群とする．準同型写像 $f : G \to H$ に対して，$\mathrm{Ker}\, f$ は G の部分群になる．

(証明) G の単位元を e，H の単位元を e' とする．明らかに，$\mathrm{Ker}\, f$ は G の部分集合である．$x, y \in \mathrm{Ker}\, f$ とする．$f(x \cdot y) = f(x) \cdot f(y) = e'$ であるので，$x \cdot y \in \mathrm{Ker}\, f$ である．$x, y, z \in \mathrm{Ker}\, f$ とする．$\mathrm{Ker}\, f$ が G の部分集合であることか

ら，結合的である．$f(e) = e'$ であり，$e \in \operatorname{Ker} f$ である．よって，e は $\operatorname{Ker} f$ の単位元でもある．$x \in \operatorname{Ker} f$ の G での逆元は x^{-1} であるが，$f(x^{-1}) = f(x)^{-1} = e'$ であり，$x^{-1} \in \operatorname{Ker} f$ である．以上より，$\operatorname{Ker} f$ は G の部分群である． ∎

定理 5.29 (群の準同型定理) G, G' を群として，$f : G \to G'$ を準同型写像とする (図 5.3)．また，e' を G' の単位元とする．このとき，次が成り立つ．

(1) $\operatorname{Ker} f$ は，G の正規部分群をなす．
(2) $f(G)$ は剰余群 $G / \operatorname{Ker} f$ と同型である．

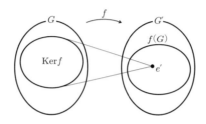

図 **5.3** 群の準同型定理

(**証明**) まず，(1) を示す．任意の $x \in G$ について，$x \cdot \operatorname{Ker} f \cdot x^{-1} \subseteq \operatorname{Ker} f$ を示せばよい．$y \in x \cdot \operatorname{Ker} f \cdot x^{-1}$ とする．このとき，ある $z \in \operatorname{Ker} f$ が存在して，$y = x \cdot z \cdot x^{-1}$ と表現できる．また，$f(z) = e'$ である．f は準同型写像であるので，$f(y) = f(x) \cdot f(z) \cdot f(x)^{-1} = f(x) \cdot f(x)^{-1} = e'$ となり，$y \in \operatorname{Ker} f$ となる．よって，$\operatorname{Ker} f$ は G の正規部分群である．

次に (2) を示す．写像 $g : G/\operatorname{Ker} f \to f(G)$ を $g(x \operatorname{Ker} f) = f(x)$ と定める (図 5.4)．$x \operatorname{Ker} f, y \operatorname{Ker} f \in G/\operatorname{Ker} f$ とする．$g((x \operatorname{Ker} f) \cdot (y \operatorname{Ker} f)) = g((x \cdot y) \operatorname{Ker} f) = f(xy) = f(x) \cdot f(y)$ となる．一方，$g(x \operatorname{Ker} f) \cdot g(y \operatorname{Ker} f) = f(x) \cdot f(y)$ となる．よって，任意の $x \operatorname{Ker} f, y \operatorname{Ker} f \in G/\operatorname{Ker} f$ に対して，$g((x \operatorname{Ker} f) \cdot (y \operatorname{Ker} f)) = g(x \operatorname{Ker} f) \cdot g(y \operatorname{Ker} f)$ となる．したがって，g は準同型写像となる．

集合 $G/\operatorname{Ker} f$ は有限である必要はないが，簡単のため可算であるとする．$G/\operatorname{Ker} f$ は適切に代表元を選ぶと，

$$G/\operatorname{Ker} f = \{a_1 \operatorname{Ker} f, a_2 \operatorname{Ker} f, \dots\}$$

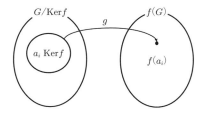

図 **5.4** 写像 g

と表現できる．このとき，異なる i,j に対して $a_i \not\sim a_j$ であり，$f(a_i) \neq f(a_j)$ となる．定義より，g は明らかに全単射である．よって，g は $G/\operatorname{Ker} f \to f(G)$ の同型写像であり，$G/\operatorname{Ker} f$ と $f(G)$ は同型である． ∎

$\operatorname{Ker} f$ は G の正規部分群であるので，$G/\operatorname{Ker} f$ は前述のように，自然に導入された算法 $(x\operatorname{Ker} f)\cdot(y\operatorname{Ker} f)=(xy)\operatorname{Ker} f$ に対して群となる．f の準同型性と $\operatorname{Ker} f$ の定義から直接的に，この算法が矛盾なく定義されることを確認する．$x_1 \sim y_1$ かつ $x_2 \sim y_2$ とする．このとき，$x_1^{-1}\cdot y_1 \in \operatorname{Ker} f$ かつ $x_2^{-1}\cdot y_2 \in \operatorname{Ker} f$ であるので，$f(x_1)=f(y_1)$ かつ $f(x_2)=f(y_2)$ である．f の準同型性より，

$$f(x_1\cdot x_2)=f(x_1)f(x_2)=f(y_1)f(y_2)=f(y_1\cdot y_2)$$

であるため，$x_1\cdot x_2 \sim y_1\cdot y_2$ となる．よって，算法は矛盾なく定義される．

例 5.11 整数全体 $\mathbb{Z}$ が加法 $+$ に関してなす群を $G=(\mathbb{Z},+)$ とおく．n を自然数として，$\mathbb{Z}_n=\{0,1,2,\ldots,n-1\}$ とする．$a,b\in\mathbb{Z}_n$ に対して，$a+b$ を n で割った余りを $a\oplus_n b$ とおく．このとき $G'=(\mathbb{Z}_n,\oplus_n)$ は群となる．整数 p を n で割った余りを $f(p)$ とおく．f は G から G' への準同型写像となる．また，$f(G)=\mathbb{Z}_n$ となる．いま，n で割った余りが i となる整数の集合を A_i とおく．このとき，

$$\mathbb{Z}/\operatorname{Ker} f = \{A_0,\ldots,A_{n-1}\}$$

となる．ここで，$f(A_i)=\{i\}$ である．定理 5.29 より，$\mathbb{Z}_n$ と $\mathbb{Z}/\operatorname{Ker} f$ は同型となる． ◁

$A=\{0,1,\ldots,m-1\}$ とし，$x,y\in A$ に対して $x\oplus y$ を $x+y$ を m で割った余りと定義する．$(A,\oplus)$ も代数系となる．これは準同型定理が主張することと一致する．

88   5 群

より一般に，複数の算法のもとで同様の定理が成り立つ．

定理 5.30 (準同型定理) E をすべての算法が全域で定義された代数系とする．E からもう 1 つの代数系 E' への準同型写像 f によって生成される同値関係 $\sim$ による E の商構造 $E/\sim$ は像 $f(E) = \{ f(a) \mid a \in E \}$ と同型である．具体的には，$a \in E$ に対して，$E/\sim$ の元 $\langle a \rangle_\sim$ と $f(E)$ の元 $f(a)$ が対応している．

(証明) 同型であることを証明するには，次のような 3 つの性質をもつ写像が存在することを示せばよい：(1) 準同型写像である，(2) 単射である，(3) 全射である．写像 $F : E/\sim \to f(E)$ を，$\langle a \rangle \in E/\sim$ に対して，$F(\langle a \rangle) = f(a)$ と定義する．

まず，F が真に写像になっていることを確認する．すなわち，$\langle a \rangle$ の F による像 $f(a)$ が $\langle a \rangle$ の代表元の取り方に依存していないことを示す．$a \neq b$ かつ $a \sim b$ とする．このとき，$F(\langle a \rangle) = f(a)$ であり，$F(\langle b \rangle) = f(b)$ である．いま，$a \sim b$ であるため $f(a) = f(b)$ となり，$F(\langle a \rangle) = F(\langle b \rangle)$ となる．このため，代表元の取り方によらず写像 F は定義される．

$f(x) = f(x')$ かつ $f(y) = f(y')$ とする．このとき，f の準同型性より $f(x \cdot y) = f(x' \cdot y')$ となる．よって，$x \cdot y \sim x' \cdot y'$ となり，算法 $\cdot$ と同値関係 $\sim$ は，両立する．

次に，写像 F が準同型写像であることを確認する．$E, E/\sim, E'$ 上で定義される算法 $\cdot, \bar{\cdot}, \bar{\bar{\cdot}}$ の 3 つを考える．このとき以下が成り立つ．

$$F(\langle a \rangle \bar{\cdot} \langle b \rangle) = F(\langle a \cdot b \rangle) = f(a \cdot b)$$
$$= f(a) \,\bar{\bar{\cdot}}\, f(b) = F(\langle a \rangle) \,\bar{\bar{\cdot}}\, F(\langle b \rangle)$$

等号が成り立つ理由は，順に (1) 両立性より，(2) 定義より，(3) f の準同型性より，(4) 定義より，である．よって F は準同型写像である．

次に，写像 F が単射であることを確認する．$F(\langle a \rangle) = F(\langle a' \rangle)$ とすると，$f(a) = f(a')$ となり，定義より $a \sim a'$ が成立する．これより $\langle a \rangle = \langle a' \rangle$ が成り立つ．よって F は単射である．

写像 F が全射であることを確認する．$f(E)$ のすべての元は，適当に $a \in E$ を選ぶことにより $f(a)$ と表現できる．$F(\langle a \rangle) = f(a)$ であるので必ず対応する元 $\langle a \rangle$ が存在する．よって，F は全射である．

以上より，F は同型写像であり，$E/\sim$ と $f(E)$ は同型である．∎

次に，正規部分群に関するいくつかの重要な定理を説明する．

定理 5.31 (群の第一同型定理)

G, G' を群,$f : G \to G'$ を準同型写像とする(図 5.5).f が全射な写像であり,N' が G' の正規部分群であるとする.このとき,次が成り立つ.

(1) $N = f^{-1}(N')$ は G の正規部分群である.
(2) G/N と G'/N' は同型である.
(3) 任意の $x \in G$ に対して $f(x \cdot N) = f(x) \cdot N'$ である.

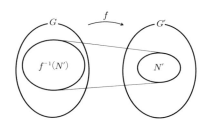

図 5.5　群の第一同型定理

この定理は群の準同型定理の拡張となっている.すなわち $N' = \{e'\}$ という特殊な状況を考えると,準同型定理と一致する.

(証明)
(1) N が G の正規部分群であることを示すには,N が G の部分群であることを示し(この証明は省略),任意の $x \in G$ に対して,$x \cdot N \cdot x^{-1} \subseteq N$ であることを示せばよい.$y \in x \cdot N \cdot x^{-1}$ とする.このときある $z \in N$ が存在して,$y = x \cdot z \cdot x^{-1}$ と書ける.f は準同型写像なので $f(y) = f(x) \cdot f(z) \cdot f(x)^{-1}$ が成り立つ.$f(x) \in G', f(z) \in N'$ である.N' は G' の正規部分群であるので $f(y) \in N'$ である.よって,$y \in N$ であり,N は G の正規部分群である.
(2) g を G' の任意の元 a' に対して G'/N' の元 $a'N'$ を対応させる写像とすると,準同型写像となる.ここで,$g \circ f$ は $G \to G'/N'$ の準同型写像である.準同型定理の主張より,$G/\mathrm{Ker}(g \circ f)$ と $g \circ f(G)$ は同型である.f の全射性より $g \circ f(G) = G'/N'$ が成り立つので,$\mathrm{Ker}(g \circ f) = N$ を示せばよい.

$x \in \mathrm{Ker}(g \circ f)$ とする.$g \circ f(x) = e \cdot N' \in G'/N'$ である.これより,$f(x) \in N'$ となる.よって,$x \in N$ である.逆に,$x \in N$ とする.$f(x) \in N'$ であるので,$g \circ f(x) = e \cdot N'$ である.よって,$x \in \mathrm{Ker}(g \circ f)$ である.

90　　5 群

以上より，G/N と G'/N' は同型である．

(3) $f(x \cdot N) = f(x) \cdot N'$ を示すには，$f(x \cdot N) \subseteq f(x) \cdot N'$ と $f(x) \cdot N' \subseteq f(x \cdot N)$ を示せばよい．$y \in f(x \cdot N)$ とする．このとき，ある $a \in N$ が存在して，$y = f(x \cdot a)$ が成立する．f の準同型性より，$y = f(x) \cdot f(a) \in f(x) \cdot N'$ が成り立つ．

逆に $y \in f(x) \cdot N'$ とする．ある $a' \in N'$ が存在して，$y = f(x) \cdot a'$ が成立する．全射であるので，ある $a \in N$ が存在して $a' = f(a)$ が成立する．よって，$y = f(x) \cdot f(a) = f(x \cdot a) \in f(x \cdot N)$ が成り立つ．　■

例 5.12　p と q は 2 つの異なる素数とする．$G = (\mathbb{Z}, +)$ と $G' = (\mathbb{Z}_{pq}, \oplus_{pq})$ とし，写像 f を a に対して pq で割った余りで定義する．f は全射かつ準同型写像である．$\mathbb{Z}_{pq}$ のうちで p の倍数の集合を N' とする．このとき，N' は G' の正規部分群である．$N = f^{-1}(N')$ とすると，N は整数かつ p の倍数の集合である．このとき，N は G の正規部分群となる（定理 5.31 (1)）．例 5.11 と同様に，p で割った余りが i となる整数の集合を A_i とおくと，$G/N = \{A_0, A_1, \ldots, A_{p-1}\}$ となる．p で割った余りが i となる 0 以上 pq 未満の整数の集合を B_i とすると，$G'/N' = \{B_0, B_1, \ldots, B_{p-1}\}$ となる．定理 5.31 (2) より，G/N と G'/N' は同型となる．また，定理 5.31 (3) より $f(A_i) = B_i$ となる．　◁

定理 5.32 (群の第二同型定理)　G を群，H を G の部分群，N を G の正規部分群とする．このとき，N は HN の正規部分群であり，$H \cap N$ は H の正規部分群である．さらに，$(HN)/N$ と $H/(H \cap N)$ は同型である．

(証明)　まず，N は HN の正規部分群であること，$H \cap N$ は H の正規部分群であることを確認する（この証明は省略する）．ある準同型な写像 $f : H \to HN/N$ に対して，

(1) $f(H) = HN/N$
(2) $\mathrm{Ker}\, f = H \cap N$

の 2 つが成り立つことを示す．ここで，HN/N の単位元は N であることに注意する．

いま，f として，$f : h \in H \mapsto hN \in HN/N$ を考える．これは明らかに，準同型写像である．まず，$f(H) = HN/N$ を示す．$hN \in f(H)$ とする．$h \cdot e \cdot N \in HN/N$

より，$hN \in HN/N$ である．逆に，$x \in HN/N$ とする．このとき，$x = abN$ と表現することができる．ただし，$a \in H, b \in N$ である．よって，$x = aN$ である．したがって，$x \in f(H)$ である．以上より (1) が示された．

次に，(2) を示す．$x \in \mathrm{Ker}\, f$ とすると，$f(x) = N \in HN/N$ である．一方，f の定義より $f(x) = xN$ であるので，$x \in N$ である．よって，$\mathrm{Ker}\, f \subseteq H$ であるので，$x \in H \cap N$ である．逆に，$x \in H \cap N$ とする．$x \in N$ であるので $f(x) = N$ であり，$x \in \mathrm{Ker}\, f$ である．(1), (2) および群の準同型定理 5.30 より，定理が成り立つ． ∎

注意 5.4 [群の第二同型定理の補足] $H \cap N = \{e\}$ という特殊ケースを考える．このとき，$(HN)/N$ と $H/\{e\}$ （および H）は同型である． ◁

定理 5.33 (群の第三同型定理) G を群，M, N を G の正規部分群とし，$N \subseteq M$ とする．このとき，N は M の正規部分群である．さらに，M/N は G/N の正規部分群で，$(G/N)/(M/N)$ と G/M は同型である．

(証明) $G' = G/N, M' = M/N$ とおく．まず，M' は G' の正規部分群になることを示す．具体的には，任意の $x' \in G'$ に対して $x' \cdot M' \cdot x'^{-1} \subseteq M'$ であることを示す．$y' = x' \cdot M' \cdot x'^{-1}$ とする．このとき，ある $z' \in M'$ が存在して，$y' = x' \cdot z' \cdot x'^{-1}$ と書ける．一方，$x' = xN, z' = zN$（ただし，$x \in G, z \in M$）と書ける．$y' = (xN)(zN)(x'^{-1}N) = x \cdot z \cdot x^{-1} N$ となる．M は G の正規部分群であるので，$x \cdot z \cdot x^{-1} \in M$，よって，$y' \in M/N = M'$ となる．したがって，M' は G' の正規部分群といえた．

写像 f を，$x \in G$ を $xN \in G'$ に移す写像とすると準同型写像である．上で示したように M' は G' の正規部分群になることと，$f(M) = M'$ より $M = f^{-1}(M')$ となること，および群の第一同型定理より，G/M と G'/M' は同型となる． ∎

5.3.5 直　積　群

2 つの群の直積からなる集合に関して適切に算法を導入する．このとき，この集合も群となる．

定理 5.34 $(G_1, \cdot), (G_2, \cdot)$ を群とする. $G = G_1 \times G_2 = \{(x_1, x_2) \mid x_1 \in G_1, x_2 \in G_2\}$ とおき, $(x_1, x_2), (y_1, y_2) \in G$ に対して G の内算法 $\cdot$ を

$$(x_1, x_2) \cdot (y_1, y_2) = (x_1 \cdot y_1, x_2 \cdot y_2)$$

で定義する. このとき G も群となる.

(証明) 算法が閉じていること, 結合的であることは定義から明らかである. e_1, e_2 をそれぞれ G_1, G_2 の単位元とする. このとき, $G_1 \times G_2$ の単位元は (e_1, e_2) である. 実際, 任意の $(x_1, x_2) \in G_1 \times G_2$ に対して $(x_1, x_2) \cdot (e_1, e_2) = (x_1 \cdot e_1, x_2 \cdot e_2) = (x_1, x_2)$, $(e_1, e_2) \cdot (x_1, x_2) = (x_1, x_2)$ となる. $(x_1, x_2) \in G_1 \times G_2$ の逆元は, $(x_1^{-1}, x_2^{-1}) \in G_1 \times G_2$ である. 実際,

$$(x_1, x_2) \cdot (x_1^{-1}, x_2^{-1}) = (x_1 \cdot x_1^{-1}, x_2 \cdot x_2^{-1}) = (e_1, e_2),$$
$$(x_1^{-1}, x_2^{-1}) \cdot (x_1, x_2) = (x_1^{-1} \cdot x_1, x_2^{-1} \cdot x_2) = (e_1, e_2)$$

となる. よって, G も群となる. ∎

定理 5.35 H_1, H_2 を群 G の 2 つの部分群とする. このとき, 次の条件 (a), (b) は等価である.

(a) $H_1 \cap H_2 = \{e\}$ かつ $G = H_1 \cdot H_2$.

(b) 任意の $x \in G$ は 2 つの元 $x_1 \in H_1, x_2 \in H_2$ を用いて, $x = x_1 \cdot x_2$ と一意に表現可能である.

(証明) まず, (a) が成り立つとする. $G = H_1 \cdot H_2$ より, 任意の $x \in G$ に対して 1 組以上の $(x_1, x_2) \in H_1 \times H_2$ が存在して, $x = x_1 \cdot x_2$ と書くことができる. いま, x を 2 通り以上に表現できたとする. つまり, $x \in G$ が $x = x_1 \cdot x_2 = y_1 \cdot y_2$ と書けたとする. ただし, $x_1, y_1 \in H_1, x_2, y_2 \in H_2$ である. 左から y_1^{-1}, 右から x_2^{-1} を掛けると, $y_1^{-1} \cdot x_1 = y_2 \cdot x_2^{-1}$ となる. いま, $H_1 \cap H_2 = \{e\}$ であるので, $y_1^{-1} \cdot x_1 = y_2 \cdot x_2^{-1} = e$ となる. よって, $x_1 = y_1, x_2 = y_2$ となり, 一意に表現可能である.

次に, (b) が成り立つとする. $G = H_1 \cdot H_2$ は自明に成り立つ. いま, $x \in H_1 \cap H_2$ とする. $e \in H_1 \cap H_2$ であることに注意すると, $e = e \cdot e = x \cdot x^{-1}$ は常に成立す

る．一意性より $x = e$ となる．よって，$H_1 \cap H_2$ の元は単位元 e のみである．なお，最初の x は H_1 の元，x^{-1} は H_2 の元とみなしていることに注意せよ．　■

部分群であるだけでなく正規部分群であるときには，さらにより強い性質が成り立つ．

定理 5.36 N_1, N_2 を群 G の 2 つの正規部分群とする．$N_1 \cap N_2 = \{e\}$ かつ $G = N_1 \cdot N_2$ であるとき，G は $N_1 \times N_2$ と同型である．

証明の前に補題を準備する．

補題 5.1 N_1, N_2 を群 G の正規部分群とする．いま，$N_1 \cap N_2 = \{e\}$ とする．このとき，任意の $x_1 \in N_1, x_2 \in N_2$ に対して $x_1 \cdot x_2 = x_2 \cdot x_1$ が成り立つ．

（証明） $x_1 \in N_1, x_2 \in N_2$ に対して $a = x_1 \cdot x_2 \cdot x_1^{-1} \cdot x_2^{-1}$ を考える．$a = x_1 \cdot (x_2 \cdot x_1^{-1} \cdot x_2^{-1})$ であるので，$a \in N_1$ である．同様に，$a = (x_1 \cdot x_2 \cdot x_1^{-1}) \cdot x_2^{-1}$ であるので $a \in N_2$ である．よって，$a \in N_1 \cap N_2$ であるので $a = e$ となる．これより，$x_1 \cdot x_2 = x_2 \cdot x_1$ が成り立つ．　■

（定理 5.36 の証明） 写像 $f : N_1 \times N_2 \to G$ を $f\big((x_1, x_2)\big) = x_1 \cdot x_2$ で定義する．ここで，

$$f\big((x_1, x_2) \cdot (y_1, y_2)\big) = f\big((x_1 \cdot y_1, x_2 \cdot y_2)\big) = x_1 \cdot y_1 \cdot x_2 \cdot y_2,$$

$$f\big((x_1, x_2)\big) \cdot f\big((y_1, y_2)\big) = x_1 \cdot x_2 \cdot y_1 \cdot y_2$$

である．補題 5.1 より $y_1 x_2 = x_2 y_1$ であるため，$f\big((x_1, x_2) \cdot (y_1, y_2)\big) = f\big((x_1, x_2)\big) \cdot f\big((y_1, y_2)\big)$ が成り立つ．よって，この写像は準同型写像である．また，f は定理 5.35 (b) より全単射である．以上より，G と $N_1 \times N_2$ は同型写像である．　■

G を群とし，N_1, N_2 を G の 2 つの正規部分群とする．N_1 の元と N_2 の元の積が可換で，G の任意の元が $x = x_1 x_2, x_1 \in N_1, x_2 \in N_2$ の形で一意に表現できるとき，G は N_1 と N_2 の**直積に分解される**とよぶ．G を 2 つの正規部分群の直積に分割する例は，例 5.15 に示す．

2つの群の直積だけでなく，一般の n 個の群の直積を定義することもできる．$G_1, \ldots, G_n$ を n 個の群とする．$a_1 \in G_1, \ldots, a_n \in G_n$ に対して組 $(a_1, \ldots, a_n)$ すべての集合

$$G = G_1 \times \cdots \times G_n$$

を考える．$(a_1, \ldots, a_n), (b_1, \ldots, b_n) \in G$ に対して，乗法を

$$(a_1, \ldots, a_n) \cdot (b_1, \ldots, b_n) = (a_1 b_1, \ldots, a_n b_n)$$

と定義すると G は群となる．

G を群として $H_1, \ldots, H_n$ を G の部分群とする．$1 \leq i, j \leq n, i \neq j$ である任意の i, j に対して，H_i の元と H_j の元の積が可換で，G の任意の元 x が，$x_1 \in H_1, \ldots, x_n \in H_n$ として，

$$x = x_1 \cdots x_n$$

という形で一意に表現することができるとき，G は $H_1, \ldots, H_n$ の直積に分解されるという．

定理 5.36 を一般化すると，次の定理が得られる．

定理 5.37 群 $H_1, \ldots, H_n$ を G の部分群とする．G が $H_1, \ldots, H_n$ の直積に分解されるための必要十分条件は，以下の 3 条件を満たすことである．

(1) $H_1, \ldots, H_n$ がすべて G の正規部分群である．

(2) $G = H_1 \cdots H_n$ である．

(3) すべての i に対して，

$$(H_1 \cdots H_{i-1} H_{i+1} \cdots H_n) \cap H_i = \{e\}$$

が成り立つ．

5.4　巡　回　群

定義 5.15 G を群として，$|G| = n$ とする．G がある元 g を用いて $G = \{g^0, g^1, \ldots, g^{n-1}\}$ と表されるとき，G は**巡回群**であるといい，このような g を G の**生成元**という．

5.4 巡　回　群　　95

注意 5.5 群 G が巡回群である場合には，その生成元の位数と群 G の位数は一致する．そのため，あえて区別することなく同じ言葉を用いている． ◁

巡回群は常に可換群である．これは，$g^i, g^j \in G$ に対して $g^i \cdot g^j = g^{i+j} = g^j \cdot g^i$ であることによる．

位数 n の巡回群を考え，その生成元を g とする．$1 \le i < n$ に対して，元 g^i の逆元は g^{n-i} である．これは $g^i \cdot g^{n-i} = g^n = e$ であることによる．

定理 5.38 G を位数 n の巡回群とし，その生成元の1つを g とする．k を $\gcd(n, k) = 1$ となる整数とする．このとき g^k も生成元となる．また，元 g^k が生成元となるのは $\gcd(n, k) = 1$ のときのみである．

（証明） $(g^k)^t = e$ となるのは，$n \mid kt$ が成立するときである．$\gcd(n, k) = 1$ より，$n \mid t$ となる．これより $1 \le n < t$ のときは $(g^k)^t$ は単位元とならない．よって g^k は生成元となる．逆に，$\gcd(n, k) > 1$ とする．このとき $(g^k)^{n/\gcd(n,k)} = e$ となるため，g^k は生成元とならない． ∎

系 5.1 位数 n の巡回群 G の生成元は $\phi(n)$ 個存在する[*2]．

定理 5.39 巡回群 G の任意の部分群 H は巡回群である．

（証明） 群 G の生成元を g とする．H は G の部分群であるので，H のすべての元は g^l という形で表現される．いま，$g^k \in H$ となる最小の自然数 k を考える．$l = kq + r$ と書くことにする．ただし，r は l を k で割った余りであり，$0 \le r \le k-1$ とする．

$$g^l = g^{kq+r} = (g^k)^q \cdot g^r$$

であり，$g^l, g^k \in H$ であるので，$g^r \in H$ が成立する．ここで，k の最小性から，$r = 0$ でなくてはならない．このとき，任意の H の元は $g^l = (g^k)^q$ と表現することができる．以上より，H は g^k を生成元とした巡回群となる． ∎

定理 5.40 有限群 G において，任意の元の位数は G の位数の約数である．

[*2] $\phi(n)$ の定義は定義 3.10 を参照のこと．

96   5 群

（証明） 元 $x \in G$ の位数を k とする．x を生成元とする巡回群を H とする．このとき，H は G の部分群である．また，$|H| = k$ である．よって，$|G|$ は k の倍数である． ∎

定理 5.41 群 G の位数が素数 p であるとき G は巡回群である．

（証明） 定理 5.40 より，元の位数は p の約数であり，位数は 1 か p となる．位数1 の元は単位元 e のみである．それ以外の元はすべて位数が p の元である．単位元以外のある元を g とすると，g により生成される元は $e, g, g^2, \cdots, g^{p-1}$ であり，この集合の元の個数は p であるので，G 自身と一致する．よって G は巡回群となる． ∎

定理 5.42 巡回群 G の位数が mn で，m と n が互いに素であるならば，G は位数 m と位数 n の 2 つの巡回群の直積と同型である．

（証明） G は巡回群であるので位数 mn の元が存在する．この元を g とおく．m, n に対して $a = g^m, b = g^n$ とおく．a, b を生成元とする巡回群をそれぞれ N_1, N_2 とする．N_1, N_2 は可換群であるので，正規部分群である．また，N_1 の位数は n，N_2 の位数は m となる．定理 5.36 より，$N_1 \cap N_2 = \{e\}, G = N_1 \cdot N_2$ が成り立つことを示せば十分である．まず，$G = N_1 \cdot N_2$ を示す．$N_1 \cdot N_2 \subseteq G$ が成り立つことは自明である．$g^j \in G$ を考える．m, n は互いに素であるので，$pm + qn = 1$ となる整数 p と q が存在する（3.3 節を参照のこと）．いま，$g^j = x^{j(pm+qn)} = (g^m)^{jp} \cdot (g^n)^{jq} \in N_1 \cdot N_2$ である．よって，$G = N_1 \cdot N_2$ である．また，m と n は互いに素なので，$N_1 \cap N_2 = \{e\}$ である．以上より示された． ∎

定理 5.43 有限可換群 G の位数 n が，異なる素数 p, q に対して $n = pq$ と表現できるとする．このとき，G は巡回群である．

例 5.13 位数が 5 の群を考える．この群は定理 5.41 より巡回群となる．g を生成元とすると，元の集合は $\{e, g, g^2, g^3, g^4\}$ で与えられる．g の位数が 5 であること

に注意すると，単位元 e 以外の元の位数が 5 であることは，次のように確認できる（つまり，単位元以外のどの元も生成元である）．

$$g \to g^2 \to g^3 \to g^4 \to g^5 = e,$$
$$g^2 \to g^4 \to g \to g^3 \to g^5 = e,$$
$$g^3 \to g \to g^4 \to g^2 \to g^5 = e,$$
$$g^4 \to g^3 \to g^2 \to g \to g^5 = e.$$

◁

例 5.14 例 5.13 のように $n = 5$ のときを考える．$\gcd(5, k) = 1$ となる k は，$k = 1, 2, 3, 4$ で与えられる．これは g^1, g^2, g^3, g^4 が生成元となることを意味しており，例 5.13 で確認したことと一致している． ◁

例 5.15 位数が 6 となる可換群を考える．定理 5.43 より，この群は巡回群となる．このとき定理 5.40 より，各元の位数は 1, 2, 3, 6 のいずれかである．いま，g を生成元とする．すなわち，$g^6 = e$ であり，$1 \le i \le 5$ に対して $g^i \ne e$ である．$6 = 2 \times 3$ であるが，2 つの部分群 $N_1 = \{e, g^2, g^4\}$, $N_2 = \{e, g^3\}$ を考える．このとき，任意の元は N_1 の元と N_2 の元の積で表現できる．すなわち，

$$e = e \cdot e, g^1 = g^4 \cdot g^3, g^2 = g^2 \cdot e, g^3 = e \cdot g^3, g^4 = g^4 \cdot e, g^5 = g^2 \cdot g^3$$

と表現される．直積の表現を用いれば，

$$G = \{(e, e), (g^4, g^3), (g^2, e), (e, g^3), (g^4, e), (g^2, g^3)\}$$

となる． ◁

注意 5.6 位数が 6 となる非可換群が存在することに注意されたい（例えば S_3）．

◁

これ以降では，巡回群のときにも成り立つものの，巡回群以外でも有効な性質について説明を行う．

定理 5.44 群 G の元 x の位数が t であるとする．整数 n に対して $x^n = e$ であるための必要十分条件は $t \mid n$（つまり，n は t の倍数）である．

98   5 群

(証明) $t \mid n$ であるとする.これより,ある $k \in \mathbb{Z}$ が存在して $n = kt$ と書くことができ,$x^n = x^{tk} = (x^t)^k = e$ となる.逆に $x^n = e$ とする.このとき,ある $q, r \in \mathbb{Z} \, (0 \leq r < t)$ が存在して,$n = qt + r$ と書くことができる.$r = n - qt$ であるため,$x^r = x^n (x^t)^{-q} = ee = e$ である.よって $x^r = e$ となるが,t が位数であることから $r = 0$ となる.よって $n = qt$,つまり $t \mid n$ となる,■

定理 5.45 有限可換群 G の元の位数の最大値を m とする.G の任意の元の位数は m の約数である.

注意 5.7 定理 5.45 は定理 5.40 より強力な定理である.G の元の位数は必ず G の位数の約数であるが,元の位数の最大値は必ずしも群の位数と一致している保証はないためである. ◁

例 5.16 16 より小さい自然数で 16 と互いに素となる自然数の集合 $\mathbb{Z}_{16}^* = \{1, 3, 5, 7, 9, 11, 13, 15\}$ を考える.算法は 16 を法とした乗法を考える.いま,$|\mathbb{Z}_{16}^*| = 8$ である.各元の位数は次のように与えられる:

元	1	3	5	7	9	11	13	15
位数	1	4	4	2	2	4	4	2

位数の最大値は 4 である.各元の位数は $1, 2, 4$ のいずれかであるので,定理 5.40 が示しているように確かに 8 の約数であるし,定理 5.45 が示しているように 4 の約数である. ◁

定理 5.45 を証明する際に必要となる補題を示す.

補題 5.2 有限可換群 G の 2 つの元 a, b の位数をそれぞれ m, n とする.m と n が互いに素であるならば,元 ab の位数は mn である.

(証明) 元 ab の位数を k とする.いま,$(ab)^{mn} = a^{mn} b^{mn} = (a^m)^n (b^n)^m = e$ である.よって,$k \mid mn$ である.一方,$(ab)^k = e$ であるので,$(ab)^k = e \iff a^k b^k = e \iff a^k = b^{-k}$ であるので,$m \mid kn, n \mid km$ が成り立つ.m と n は互いに素であり,$m \mid k$ かつ $n \mid k$ であるので,$mn \mid k$ となる.以上より $k = mn$ である. ■

5.5 モノイド，半群からの群の構成　　99

（**定理 5.45 の証明**）最大位数をもつ元を y とし，その位数を m とする．ある元 x の位数を n とする．いま，n は m の約数ではないと仮定する．このとき，ある素数 p と自然数 s が存在して，

$$p^s \mid n, p^{s-1} \mid m, p^s \nmid m$$

となる．

　ここで，$m' = m/p^{s-1}, n' = n/p^s$ とし，$y' = y^{p^{s-1}}, x' = x^{n'}$ とおく．このとき，y' の位数は m'，x' の位数は p^s となる．ここで，m' と p^s は互いに素である．補題 5.2 より，$x'y'$ の位数は $m'p^s = mp > m$ となる．これは仮定に反する．よって，n は m の約数となる．　　∎

5.5　モノイド，半群からの群の構成

　この節では，モノイド，半群から群を構成する方法を 2 種類考える．

5.5.1　単元の集合からなる群

　まず，単元だけを集めて群を構成する方法を説明する．モノイド（単位元をもつ半群）$(E, \cdot)$ を考え，E^* を単元の集合とする．このとき $(E^*, \cdot)$ は群となる．このように構成される群は**単元群**とよばれる．

　E^* における結合法則は，E 自身が結合的であるので自明に成り立つ．単位元 e の逆元は e 自身であるので $e \in E^*$ であり，E^* の中に単位元が存在する．定理 1.4 より，E^* のすべての元は逆元をもつ．定理 1.5 より，$a, b \in E^*$ であれば $ab \in E^*$ である．これより算法は閉じている．以上より $(E^*, \cdot)$ は群となる．

5.5.2　分　　数　　群

　この項では $(E, \cdot)$ は可換な半群であるとする．必ずしも単位元の存在は仮定しない．

　まず，正則元を定義する．

100   5 群

定義 5.16 $(E, \cdot)$ の元 a を固定する．任意の $x \in E$ に対して，x を $a \cdot x$ に移す写像が単射のとき，a を算法 $\cdot$ に関する**正則元**という[*3]．E^* を E の正則元全体の集合とする．

注意 5.8 $a, b \in E^*$ ならば $a \cdot b \in E^*$ である． ◁

例 5.17 代数系 $(\mathbb{Z}_{\geq 0}, +)$ において，$a \in \mathbb{N}$ を固定すると $a + x$ は単射なので任意の元が正則元である． ◁

例 5.18 代数系 $(\mathbb{Z}, \times)$ において，a を固定すると $a \times x$ は，$a = 0$ 以外では単射になる．$a = 0$ では，任意の x に対して 0 （つまり，同じ元）に移るので，単射にはならない．以上より，$\mathbb{Z} \setminus \{0\}$ が正則元の集合である． ◁

この項では，代数系 $(E^*, \cdot)$ を拡張することにより群を構成することを目標とする．

$E^* \times E^*$ 上の関係 $\sim$ を次のように導入する．$(x_1, y_1), (x_2, y_2) \in E^* \times E^*$ に対して

$$(x_1, y_1) \sim (x_2, y_2) \iff x_1 \cdot y_2 = y_1 \cdot x_2 \tag{5.1}$$

とする．このとき，関係 $\sim$ は同値関係となる．同値関係 $\sim$ による同値類を $\bar{E} = (E^* \times E^*) / \sim$ とする．

例 5.19 有理数体 $\mathbb{Q}$ を考える．いま，有理数 $q \in \mathbb{Q}$ が 2 通りに表現できたとする．このとき，$a_1, a_2, b_1, b_2 \in \mathbb{Z}$ に対して，$q = a_1/b_1, q = a_2/b_2$ と書くことができる．これ以降，有理数 a/b を (a, b) と書くことにする．このとき，$(a_1, b_1) = (a_2, b_2)$ となるのは，$a_1 b_2 = a_2 b_1$ であるときである．これは，$E = \mathbb{Z}$ としたときの式 (5.1) と一致した条件となる． ◁

例 5.20 $3/5 \in \mathbb{Q}$ は，$(a, b) = (3, 5)$ と表現することができる．しかし，$3/5$ と等しくなる表現 (a, b) は無限に存在し，$(3, 5), (-3, -5), (6, 10), (9, 15)$ などがある．条件を満たす (a, b) は，$k \in \mathbb{Z}^*$ に対して $(a, b) = (3k, 5k)$ で表現することができる．逆に，それ以外には存在しない．この中で $b > 0$ かつ $\gcd(a, b) = 1$ を満たすものは，$(a, b) = (3, 5)$ のみである． ◁

[*3] 「正則」という単語で指すものがテキストにより異なっていることがあるので，適宜テキストでの定義を参照のこと．

$E^* \times E^*$ の元 $(x_1, y_1), (x_2, y_2)$ に対して，内算法 $\cdot$ を

$$(x_1, y_1) \cdot (x_2, y_2) = (x_1 \cdot x_2, y_1 \cdot y_2)$$

で定義する．このとき，算法 $\cdot$ と同値関係 $\sim$ は両立する．ここで $\bar{E}$ の中の算法 $\bar{\cdot}$ を

$$\langle (x_1, y_1) \rangle \,\bar{\cdot}\, \langle (x_2, y_2) \rangle = \langle (x_1 \cdot x_2, y_1 \cdot y_2) \rangle$$

で定めると，$\bar{\cdot}$ は矛盾なく定義される．

$y \in E^*$ を固定した上で，元 $x \in E^*$ と同値類 $\langle (x \cdot y, y) \rangle$ を同一視することにする．この同値類は y の選択によらない．このとき次の特徴をもつ．

(a) $w \in E^*$ に対して，$\langle (w, w) \rangle$ は $\bar{E}$ 上で単位元となる．$\langle (w, w) \rangle$ をあらためて $e \in \bar{E}$ と書くことにする．

(b) $x, y \in E^*$ に対して，$\langle (x \cdot y, y) \rangle \in \bar{E}$ の逆元は $\langle (y, x \cdot y) \rangle \in \bar{E}$ である．これは元 $x \in E^*$ に対して逆元を定めていることに相当する．

以下，順に (a), (b) を確認する．

(a) の確認 任意の $\langle (x, y) \rangle$ に対して，$(x, y) \sim (x \cdot w, y \cdot w)$ であり，$\langle (x, y) \rangle \,\bar{\cdot}\, \langle (w, w) \rangle = \langle (x, y) \rangle$ であるので，$\langle (w, w) \rangle$ は単位元である．

(b) の確認 $\langle (x \cdot y, y) \rangle \,\bar{\cdot}\, \langle (y, x \cdot y) \rangle = \langle (x \cdot y \cdot y, x \cdot y \cdot y) \rangle = e$ となる．

(a) において単位元を定め，(b) においては E^* の元に対して，ある種の逆元を導入している．

これより，$\bar{E} = (E^* \times E^*)/\sim$ は単位元をもち，すべての元が逆元をもつので，群となる．つまり，可換な半群をもとにして，2 つの元の同値類を組み合わせることにより群を構成している．このように構成された群を**分数群**とよぶ．

以上の議論は若干煩雑であった．E が単位元をもつ場合には，議論がより簡単になる．ここで E の単位元を 1 とする．単位元は常に正則元であることに注意されたい．任意の $x \in E^*$ は，$\langle (x \cdot 1, 1) \rangle = \langle (x, 1) \rangle \in \bar{E}$ に対応づけることにする．(a) に関しては，$\langle (1, 1) \rangle$ が単位元の表現として最も単位元らしいものである．(b) に関しては，$x \in E^*$ に対して $\langle (x, 1) \rangle$ の逆元は $\langle (1, x) \rangle$ となる．

102   5 群

正則元は，逆元の存在に関しては何も言及していない．分数群を構成する操作は，集合を拡げることにより，（形式的ではあるが）逆元をもつような操作を行っていることに対応している．

以下，具体的に半群から群を構成する方法について説明する．

例 5.21 代数系 $(\mathbb{N}, +)$ を考える．$(\mathbb{N}, +)$ には単位元は存在しないこと，$+$ は可換であることに注意せよ．$\mathbb{N}$ のすべての元が正則なので，$E^* = \mathbb{N}$ となる．関係 $\sim$ を，$x_1 + y_2 = y_1 + x_2$ のとき $(x_1, y_1) \sim (x_2, y_2)$ で定義する．$y \in \mathbb{N}$ を固定した上で $x \in \mathbb{N}$ を $\langle (x+y, y) \rangle$ に移す写像を考える．この写像により，E の元 x と $\bar{E}$ の元 $\langle (x+y, y) \rangle$ の対応をとる．ここで，$\langle (x+y, y) \rangle$ は y の選択によらないことに注意せよ．

(a) 任意の $w \in \mathbb{N}$ に対して，元 (w, w) は同じ同値類 $\langle (w, w) \rangle$ に入る．この元が単位元となる．

(b) $\langle (x+y, y) \rangle$ の逆元は $\langle (y, x+y) \rangle$ である．

$\triangleleft$

例 5.22 代数系 $(\mathbb{Z}_{\geq 0}, +)$ を考える．$(\mathbb{N}, +)$ の場合と異なり，単位元 0 が存在することに注意する．

(a) 任意の $w \in \mathbb{Z}_{\geq 0}$ に対して，$\langle (w, w) \rangle$ は単位元となる．いま，0 は $(\mathbb{Z}_{\geq 0}, +)$ の単位元であるので，$\bar{E}$ の単位元を $\langle (0, 0) \rangle$ と書くことにする．

(b) $x, y \in \mathbb{Z}_{\geq 0}$ に対して，x を $\langle (x+y, y) \rangle$ に移す写像を考えることになるが，これも簡単のため $y = 0$ のときを考え，x を $\langle (x, 0) \rangle$ に対応させる．

(c) $\langle (x, 0) \rangle$ の逆元は，$\langle (0, x) \rangle$ となる．

$x \in \mathbb{Z}_{\geq 0}$ に対して，$\langle (x, 0) \rangle$ を x，$\langle (0, x) \rangle$ を $-x$ と約束することにより，非負整数から整数全体を構成する作業を行ったことに対応している．

$\triangleleft$

例 5.23 代数系 $(\mathbb{Z}, \times)$ は，単位元 1 をもつ．0 のみが正則元ではないので，$E^* = \mathbb{Z} \setminus \{0\}$ である．ここで，x と $\langle (x, 1) \rangle$ を同一視することにする．

(a) $\bar{E}$ の単位元 e は $\langle (1, 1) \rangle$ である．

(b) $\langle (x, 1) \rangle$ の逆元は $\langle (1, x) \rangle$ である．実際，

$$\langle (x, 1) \rangle \cdot \langle (1, x) \rangle = \langle (x, x) \rangle = e$$

となる.

$(\mathbb{Z} \setminus \{0\}, \times)$ からこのようにして構成される集合 $\bar{E}$ が有理数の全体 $\mathbb{Q}$ から 0 を除いたものである. $\lhd$

$x, y \in \mathbb{Z} \setminus \{0\}$ に対して $\langle (x, y) \rangle$ を x/y と書くことにすると,通常の分数の表記になる.また,$\bar{E}$ での算法は分数の掛け算に対応している.ただし,ここまでの議論では分数の掛け算のみしか導入していない.足し算に関しては 6.1 節で導入する.

6 環

2つの算法（加法，乗法）をもつ代数系で，加法に関しては可換群，乗法に関しては半群となり，分配法則を満たす代数系が環，整域である．この章では，環，整域の一般的な説明を行った後，代表的な整域として，Euclid 整域，単項イデアル整域，一意分解整域の特徴に関して説明する．

6.1 環 と は

定義 6.1 R を空でない集合とする．R に加法および乗法とよばれる 2 つの内算法 $(+,\cdot)$ が定義され，$+$ に関しては可換群をなし，$\cdot$ に関しては半群をなし，$+$ と $\cdot$ に関して，分配法則

$$a \cdot (b+c) = (a \cdot b) + (a \cdot c), \ (a+b) \cdot c = (a \cdot c) + (b \cdot c),$$

が成り立つとき，この代数系を**環**とよぶ．特に，$\cdot$ が可換な環を**可換環**という．

明示的に，すべての条件を列挙する．以下の条件をすべて満たすとき，$(R,+,\cdot)$ は環であるという．

- 任意の $a,b \in R$ に対して，$a+b \in R$ である．
- 任意の $a,b,c \in R$ に対して，$a+(b+c)=(a+b)+c$ である．
- ある元 0 が存在して，$a+0=0+a=a$ が成り立つ．
- 任意の $a \in R$ に対して，ある元 $b \in R$ が存在して，$a+b=b+a=0$ が成り立つ．この b を $-a$ と書くことにする．
- 任意の $a,b \in R$ に対して，$a+b=b+a$ である．
- 任意の $a,b \in R$ に対して，$a \cdot b \in R$ である．
- 任意の $a,b,c \in R$ に対して，$a \cdot (b \cdot c) = (a \cdot b) \cdot c$ である．
- 任意の $a,b,c \in R$ に対して，

$$a \cdot (b+c) = (a \cdot b) + (a \cdot c),$$
$$(a+b) \cdot c = (a \cdot c) + (b \cdot c)$$

106   6 環

が成り立つ.

煩雑であるのでこれ以降は慣例に従い，$\cdot$ は $+$ より優先されることとし，括弧は省略する．例えば，$(a+b)\cdot c$ は $(a\cdot c)+(b\cdot c)$ ではなく $a\cdot c+b\cdot c$ などと書く．

定義 6.2 環 K において $K\setminus\{0\}$ が $\cdot$ に関して群をなすとき，K を**斜体**とよぶ．積 $\cdot$ に関して可換な斜体を**体**とよぶ．

通常，環および体での議論において $+$ の単位元を 0 と書く．$\cdot$ の単位元と区別するため零元とよぶことにする．$\cdot$ の単位元は（存在する場合には）1 と書くことにする．これ以降，単に単位元といった場合には積の単位元を指すことにする．

定義 6.3 単位元をもつ環を**単位的環**とよぶ．特に，単位元をもつ可換環を**単位的可換環**とよぶ．

次に部分環を定義する．

定義 6.4 環 $(R,+,\cdot)$ と部分集合 $R'\subseteq R$ に対して $(R',+,\cdot)$ が環をなすとき，$(R',+,\cdot)$ は $(R,+,\cdot)$ の**部分環**であるという．

注意 6.1 R の部分集合 I が R の部分環であることを示すには，任意の $a,b\in I$ に対して $a+(-b)\in I$，$ab\in I$ の 2 つが成り立つことを示せばよい．   ◁

記述の簡単化のため，$a+(-b)$ を $a-b$ で書くことにする．

定義 6.5 体 $(K,+,\cdot)$ と部分集合 $K'\subseteq K$ に対して $(K',+,\cdot)$ が体をなすとき，これを $(K,+,\cdot)$ の**部分体**という．

以下，環，体が満たす性質を確認する．

定理 6.1 環 $(R,+,\cdot)$ において，任意の $x\in R$ は，$0\cdot x=x\cdot 0=0$ を満たす．

(証明) 0 は $+$ の単位元であるので，$0+0=0$ が成り立つ．分配法則より，$0\cdot x=(0+0)\cdot x=0\cdot x+0\cdot x$ となる．よって，$0\cdot x=0$ が成り立つ．同様に，$x\cdot 0=0$ が成り立つ．   ∎

これより 0 には積の逆元は存在しない．

6.1 環 と は　　107

定理 6.2 環 $(R, +, \cdot)$ において，任意の $x \in R$ は $-(-x) = x$ を満たす．また，R が単位的環であれば $(-1) \cdot x = -x$ である．

(証明) 逆元の逆元はもとの元に戻るので，$-(-x) = x$ となる．$x + (-1) \cdot x = 1 \cdot x + (-1) \cdot x = (1 - 1) \cdot x = 0 \cdot x = 0$ となり，x の和の逆元 $-x$ は，$(-1) \cdot x$ となる．　∎

注意 6.2 単位的環 R において，加法に対する 1 の逆元 -1 はべき等元である．実際，$(-1) \cdot (-1) = -(1 \cdot (-1)) = -(-1) = 1$ となる．　◁

定理 6.3 R の任意の元 a, b に対して

$$a \cdot (-b) = (-a) \cdot b = -ab$$

となる．

(証明) $a \cdot b + a \cdot (-b) = a \cdot (b - b) = a \cdot 0 = 0$ である．加法の逆元は一意に定まるため，ab の加法による逆元 $-ab$ は $a \cdot (-b)$ と等しい．同様に，$(-a) \cdot b$ とも等しい．　∎

例 6.1 最小の環は元が 1 つだけの環である．その元を 0 と書くことにする．2 つの算法を $(+, \cdot)$ と書き

$$0 + 0 = 0, \quad 0 \cdot 0 = 0$$

で定義する．この定義のもとで，$(\{0\}, +, \cdot)$ は

$$0 \cdot (0 + 0) = 0 \cdot 0 = 0, \quad (0 + 0) \cdot 0 = 0 \cdot 0 = 0$$

を満たすため，この代数系は分配法則を満たす．以上より，この代数系は，すべての条件を満たしているため環となる．この環は通常，**零環**とよばれる．零環は，単位元をもたないので単位的環ではない[1]．　◁

例 6.2 零環の次に小さい環は，以下の 2 元から構成される環である．2 つの元を $\{0, 1\}$ で表現し，$+, \cdot$ は次のように定義することにする．

---

[1]　そもそも，零環を環として含めない定義もある．

108 6 環

+	0	1
0	0	1
1	1	0

·	0	1
0	0	0
1	0	1

このとき，分配法則を満たすので環となる．$\cdot$ に関しては，$x \in \{0,1\}$ に対して，

$$0 \cdot x = 0, \quad 1 \cdot x = x$$

と表現してもよい．これより，1 は積の単位元となる．また，和の単位元 0 以外の唯一の元 $\{1\}$ が逆元をもつので体となる． $\lhd$

R を環とし，a を R の元とする．$ab = ba = 1$ となるような R の元 b が存在するとき，a は R の**可逆元**とよばれる．b を a の**逆元**とよぶ．

例 6.3 有理整数環 $\mathbb{Z}$ において，可逆元は，1 と -1 の 2 つのみである． $\lhd$

定理 6.4 単位的環 R の可逆元の集合は，乗法に関して群となる．

（証明） 5.5.1 項と同じ議論により証明可能である． ∎

ついで，零因子，整域を定義する．

定義 6.6 R を環とする．$x, y \in R\,(x \neq 0, y \neq 0)$ が $x \cdot y = 0$ を満たすとき，x を**左零因子**，y を**右零因子**という．これらを合わせて**零因子**という．R が可換環のときは，左零因子と右零因子は一致する．

定理 6.5 零因子は乗法の逆元をもたない．

（証明） $x, y \neq 0$ であるが，$x \cdot y = 0$ であるとする．x は逆元をもつとし，その元を z とする．両辺に左から z を掛けると，左辺は $z \cdot (x \cdot y) = (z \cdot x) \cdot y = y$ となる．一方で，右辺は $z \cdot 0 = 0$ となる．よって $y = 0$ となり，仮定に矛盾する．したがって，零因子は乗法の逆元をもたない． ∎

定義 6.7 零因子をもたない単位的可換環を，**整域**という．

6.1 環 と は　109

　整域でない環を考える．このとき，ある $a\,(\neq 0)$ に対して $ax = ay$ が成り立つ場合でも，$x = y$ が成り立つとは限らない．体ではないので，a の逆元の存在が保証されておらず，a の逆元を左から掛けて，a を消去することは，一般的には不可である．また，$a(x - y) = 0$ であるが整域ではないため，一般に $x - y = 0$ とは限らない．よって，必ずしも $x = y$ であるとはいえない．逆に整域である場合には，ある $a \neq 0$ に対して $ax = ay$ であれば，必ず $x = y$ となる．

定理 6.6 元の個数が有限個の整域は体である．

（証明） 整域を R とし，a を R の 0 でない元とする．このとき，R から R への写像 $x \mapsto ax$ は単射となる．R は有限集合なので，全射でもあり，全単射となる．よって，特に $ax = 1$ となる元 $x \in R$ が存在する．これは，0 以外の任意の元は逆元をもつことを示している．よって，有限な整域は体となる．　　■

　環が整域であるならば，5.5.2 項で述べた分数群の構成条件を満たす．そのため，算法・に関して分数群を構成できる．さらに，$+$ も適切に導入することにより，体を構成することができる．

定理 6.7（商体） $(I, +, \cdot)$ を整域とする．I を第 2 算法・に関して分数群を構成した代数系 F に対して，適切に第 1 算法 $+$ を導入することによって，F を体にすることができる．この F を整域 I から得られる**商体**という．

（証明） $(x_1, y_1), (x_2, y_2) \in (I \setminus \{0\}) \times (I \setminus \{0\})$ に対して，$x_1 y_2 = x_2 y_1$ が成り立つとき，$(x_1, y_1) \sim (x_2, y_2)$ と定義する．$\sim$ は，$(I \setminus \{0\}) \times (I \setminus \{0\})$ の中の同値関係になる．算法・を $(x_1, y_1) \cdot (x_2, y_2) = (x_1 x_2, y_1 y_2)$ と定義すると，・は $\sim$ と両立する算法となる．したがって，同値類 $F = (I \setminus \{0\}) \times (I \setminus \{0\}) / \sim$ の中にも算法・が導入できる．

　次に，代数系 F に対して算法 $+$ を次のように導入する．$(x_1, y_1), (x_2, y_2)$ に対して，

$$(x_1, y_1) + (x_2, y_2) = (x_1 y_2 + x_2 y_1, y_1 y_2)$$

とおく．ここで，新たに導入した $+$ と $\sim$ は両立することを確認する．$(x_1, y_1) \sim (x_1', y_1')$ かつ $(x_2, y_2) \sim (x_2', y_2')$ であるとき，$(x_1, y_1) + (x_2, y_2) \sim (x_1', y_1') + (x_2', y_2')$

110   6 環

であることを示せばよい. $(x_1, y_1) \sim (x_1', y_1')$ かつ $(x_2, y_2) \sim (x_2', y_2')$ であるとき,
$x_1 y_1' = x_1' y_1$ かつ $x_2 y_2' = x_2' y_2$ となる. いま,

$$(x_1, y_1) + (x_2, y_2) = (x_1 y_2 + x_2 y_1, y_1 y_2),$$
$$(x_1', y_1') + (x_2', y_2') = (x_1' y_2' + x_2' y_1', y_1' y_2')$$

であるが, これらが同値であることを確認する. いま,

$$(x_1 y_2 + x_2 y_1) y_1' y_2' = x_1 y_2 y_1' y_2' + x_2 y_1 y_1' y_2'$$
$$= x_1' y_2 y_1 y_2' + x_2' y_1 y_1' y_2$$
$$= (x_1' y_2' + x_2' y_1') y_1 y_2$$

であるため, $(x_1, y_1) + (x_2, y_2) \sim (x_1', y_1') + (x_2', y_2')$ が成り立っている. よって,
$+$ は $\sim$ と両立するため, $I \times (I \setminus \{0\})$ は $+$ に関して可換群となる.

さらに, 分配法則も成り立つ. 以上より, F は体となる.   ■

例 6.4 有理整数環 $\mathbb{Z}$ は整域である. この整域から得られる商体は, 有理数体 $\mathbb{Q}$ である. 元 (x, y) をあらためて x/y で表現することにすると, 新たに導入した $+, \cdot$ は通常の分数の加法, 乗法となっている.   ◁

例 6.5 有理数の異なる表現法を導入する. 有理数 q が, $q = a/b$ で表現できるとき, 直積を用いて, $q = (a, b) \in \mathbb{Z} \times \mathbb{Z}^*$ と書くことにする. この表現に従えば, $a \neq 0$ であるとき, $q^{-1} = (b, a)$ となる. また, $q_1 = (a_1, b_1) \in \mathbb{Z} \times \mathbb{Z}^*, q_2 = (a_2, b_2) \in \mathbb{Z} \times \mathbb{Z}^*$ としたとき, 加法と乗法を

$$q_1 + q_2 = (a_1, b_1) + (a_2, b_2) = (a_1 b_2 + a_2 b_1, b_1 b_2),$$
$$q_1 \times q_2 = (a_1, b_1) \times (a_2, b_2) = (a_1 a_2, b_1 b_2)$$

で定義する. 通常の分数の表記に従えば,

$$\frac{a_1}{b_1} + \frac{a_2}{b_2} = \frac{a_1 b_2 + a_2 b_1}{b_1 b_2},$$
$$\frac{a_1}{b_1} \times \frac{a_2}{b_2} = \frac{a_1 a_2}{b_1 b_2}$$

となるが, 分子が第 1 成分に, 分母が第 2 成分に対応している.   ◁

6.2 イ デ ア ル

6.2.1 イデアルと剰余環

定義 6.8 R を環とし，I を R の部分集合とする．I が，

(1) 任意の $a, b \in I$ に対して，$b - a \in I$
(2) 任意の $a \in I, x \in R$ に対して，$x \cdot a \in I$

を満たすとき，I は R の**左イデアル**であるという．

　定義 6.8 において，(2) を「任意の $a \in I, x \in R$ に対して，$a \cdot x \in I$」に置き換えたとき，I を R の**右イデアル**という．I が R の左イデアルでもあり，右イデアルでもあるとき，I を R の**両側イデアル**，もしくは単に I は R の**イデアル**であるという．R が可換環であるならば，左イデアルと右イデアルを区別する必要はない．

注意 6.3 I が環 R のイデアルであるとき，その定義より I は R の部分環となる．定義 6.8 の (1) より，加法について I は R の部分群となる．さらに，(2) は $I \subseteq R$ であるため，自動的に「任意の $a \in I, x \in I$ に対して，$x \cdot a \in I$」となるためである． ◁

　以下の条件を採用している教科書もある．単位的環 R に対して，I が次の条件を満たしているとき，I は R の左イデアルとなる．

- 任意の $a, b \in I$ に対して，$a + b \in I$,
- 任意の $a \in I, x \in R$ に対して，$a \cdot x \in I$

ただし，この場合は，R が単位的環であることが必須である．R に積の単位元 1 が存在しているならば，$y = -1$ とすることにより，任意の $x \in I$ に対して，$x \cdot (-1) = -x \in I$ となり，逆元が I の中に存在することが保証されるためである．
　次に，イデアルを用いた同値類を導入する．R を環として，I を R のイデアルとする．$x, y \in R$ に対して，$x - y \in I$ のとき $x \sim y$ と定義すると，$\sim$ は同値関係となる．

定義 6.9 R を環として，I を R のイデアルとする．上で定義した $\sim$ による同値類を R の I による同値類という．

112   6 環

注意 6.4 R の I による同値関係および同値類は，加法のみを用いて定義されている．   ◁

定理 6.8 (剰余環) I を環 $(R, +, \cdot)$ のイデアルとする．R の I による剰余類の集合は，適切に算法を導入することにより環となる．これを I による R の**剰余環**といい，R/I で表す．

(証明) 2 つの同値類 $\langle a \rangle, \langle b \rangle$ の和と積を

$$\langle a \rangle + \langle b \rangle = \langle a + b \rangle,$$
$$\langle a \rangle \cdot \langle b \rangle = \langle a \cdot b \rangle$$

と定義する．これらが代表元の取り方によらず適切に定義され，環となることを示すには，環の算法 $(+, \cdot)$ が同値関係 $\sim$ と両立することを示せばよい．$x \sim x', y \sim y'$ とする．このとき，定義より $x - x' \in I, y - y' \in I$ が成立する．$(x+y) - (x'+y') = (x - x') + (y - y') \in I$ であるので，$x + y \sim x' + y'$ が成立する．すなわち，$+$ は $\sim$ と両立する．次に算法 $\cdot$ を考える．

$$x \cdot y - x' \cdot y' = x \cdot (y - y') + (x - x') \cdot y'$$

と変形する．イデアルの定義から $x \cdot (y - y') \in I, (x' - x) \cdot y' \in I$ であるので，$x \cdot y - x' \cdot y' \in I$ である．すなわち，$x \cdot y \sim x' \cdot y'$ である．したがって，$+, \cdot$ はともに $\sim$ と両立する．以上より，$+, \cdot$ は適切に定義されている．   ∎

次に，剰余環 R/I の構造を確認する．R/I の零元は，零元 0 の同値類 $I = \langle 0 \rangle$ である．$\langle x \rangle$ の加法に対する逆元は，$\langle -x \rangle$ である．R が積の単位元 1 をもつとすると，$\langle 1 \rangle$ が R/I の乗法の単位元となる．また，$\langle a \rangle \in R/I$ に対して，$\langle a \rangle$ を集合として見れば，定義より，$\langle a \rangle = a + I = \{a + b \mid b \in I\}$ が成り立つ．任意の $x \in a + I$ の元は，$x \sim a$ である．なぜならば，$x = a + b$ となる $b \in I$ が存在し，$x - a = b \in I$ であるためである．

算法の表現として，$\langle a \rangle + \langle b \rangle = \langle a + b \rangle, \langle a \rangle \cdot \langle b \rangle = \langle a \cdot b \rangle$ という表現ではなく，以下のように表現してもよい．

$$(a + I) + (b + I) = (a + b) + I$$

$$(a + I) \cdot (b + I) = a \cdot b + I$$

注意 6.5 群における正規部分群の議論と環におけるイデアルの議論は，類似している．具体的には，

- 部分群 H が G の正規部分群のとき，剰余類 G/H は，群をなす．
- 部分環 I が R のイデアルのとき，剰余類 R/I は，環をなす．

ためである． ◁

定理 6.9 可換環 R が (0) と $(1) = R$ 以外のイデアルをもたないとき，R は体となる．逆に，R が体のときには (0) と (1) 以外のイデアルをもたない．

　群での議論と同様に環に対しても，準同型写像を定義できる．さらに，それに付随した準同型定理も議論することができる．

定義 6.10 環 $(R, +, \cdot), (R', +, \cdot)$ と写像 $f: R \to R'$ を考える．任意の $x, y \in R$ に対して，

$$f(x + y) = f(x) + f(y),$$
$$f(x \cdot y) = f(x) \cdot f(y) \tag{6.1}$$

を満たすとき，f は **環準同型写像** であるという．

　環準同型写像 f により，R の零元は R' の零元に移る．つまり，R の零元 0，R' の零元を $0'$ としたとき，$f(0) = 0'$ である．また，和の逆元は逆元に移る．つまり，任意の $x \in R$ に対して，$f(-x) = -f(x)$ が成り立つ．

　次に，準同型写像により R の積の単位元 1 がどこに移るのかを議論する．まず，整域である場合を考える．式 (6.1) に $x = y = 1$ を代入すると，$f(1) = f(1) \cdot f(1)$ が成り立つ．これより，$f(1)\big(f(1) - 1'\big) = 0$ となる．ただし，R' の単位元を $1'$ とする．R' は整域であるので，積の単位元 $1 \in R$ は，R' の零元 $0'$ か，単位元 $1'$ に移ることのみが許される．しかし，$0'$ に移るような写像は，任意の元 $x \in R$ を $0'$ に移す写像であり，意味のない写像である．これ以降では，$1' \in R'$ に移す写像のみを考えることにする．次に，R' が整域ではない場合を考える．この場合は，何も確定することはできない．

　群での議論と同様に，準同型写像 f に対する $\mathrm{Ker}\, f$ を導入する．

114   6 環

定義 6.11 2つの環 R, R' と準同型写像 $f : R \to R'$ に対して，$\operatorname{Ker} f$ を，

$$\operatorname{Ker} f = \{ x \in R \mid f(x) = 0' \}$$

で定義する．

定理 6.10 環の準同型写像が全単射であるための必要十分条件は，$\operatorname{Ker} f = \{0\}$ である．

定理 6.11 R, R' を環とする．準同型写像 $f : R \to R'$ に対して，$f(R)$ は R' の部分環となる．さらに，$\operatorname{Ker} f$ は R の部分環である．

定理 6.12 2つの単位的環 R, R' に対して，ある準同型写像 f により，R の単位元が R' の単位元に移るとする．このとき，$x \in R$ が逆元をもつならば，$f(x) \in R'$ も逆元をもつ．

　群での議論と同様に，環の準同型定理を導入する．

定理 6.13 (環の準同型定理) f を環 R から環 R' への準同型写像とする．このとき，次が成り立つ．

(1) $\operatorname{Ker} f$ は R のイデアルをなす．
(2) $f(R)$ は $R / \operatorname{Ker} f$ と同型である．

(証明) $\operatorname{Ker} f$ は加法に対して部分群である．また，$x \in R, a \in \operatorname{Ker} f$ に対して，$f(x \cdot a) = f(x) \cdot f(a) = f(x) \cdot 0 = 0$ であり，$x \cdot a \in \operatorname{Ker} f$ である．さらに $f(a \cdot x) = f(a) \cdot f(x) = 0 \cdot f(x) = 0$ であり，$a \cdot x \in \operatorname{Ker} f$ である．よって，$\operatorname{Ker} f$ は R のイデアルである．$f(R)$ が $R / \operatorname{Ker} f$ と同型であることは，群の準同型定理と同様に証明される．■

　次に，重要なイデアルのクラスである素イデアル，極大イデアルを導入し，それらに付随した性質を説明する．

定義 6.12 R を単位的可換環とする．R のイデアル $I (\neq R)$ が，以下の性質を満たすとき，I は R の**素イデアル**であるという．

- $ab \in I$ ならば，$a \in I$ もしくは $b \in I$ である．

I はイデアルであるので，$a \in I, b \in R$ であれば，$ab \in I$ が常に成り立つ．しかし，$ab \in I$ であるからといって，a, b のどちらかが I に入っている保証はない．一方，I が素イデアルであるならば，a, b のどちらかが必ず I に含まれることが保証される．

定義 6.13 R を単位的可換環とする．R のイデアル $I (\neq R)$ が以下の条件を満たすとき，I を R の**極大イデアル**であるという．

- R のイデアル J に対して $I \subseteq J \subseteq R$ が成り立つならば，$J = I$ もしくは $J = R$ である．

すなわち，I より真に大きいイデアルが R 自身しか存在しない場合に I を極大イデアルという．同一の R に対して複数の極大イデアルが存在することは許容される．

定理 6.14 R を単位的可換環とし，$I (\neq R)$ を R の素イデアルであるとする．このとき，剰余環 R/I は整域である．また，逆も成り立つ．

（証明） I が R の素イデアルであるとする．$\langle a \rangle \in R/I$ は，$a \in R$ を代表元とする同値類とする．$a, b \in R$ に対して，$\langle a \rangle \langle b \rangle = I$ とする．ここで，I は R/I の零元であることに注意すること．その一方で $\langle a \rangle \langle b \rangle = \langle ab \rangle$ である．$\langle ab \rangle = \langle 0 \rangle = I$ であるので，$ab \in I$ である．I は R の素イデアルであるので，$a \in I$ もしくは $b \in I$ である．よって，$\langle a \rangle = I$，もしくは $\langle b \rangle = I$ である．つまり，$\langle a \rangle$ か $\langle b \rangle$ のどちらかが必ず零元となる．よって，R/I は整域である．

次に，その逆を示す．剰余環 R/I が整域であるとする．つまり，$\langle a \rangle \langle b \rangle = I$ であれば，$\langle a \rangle = I$ もしくは $\langle b \rangle = I$ が成り立つとする．$ab \in I$ とすると，$\langle a \rangle \langle b \rangle = I$ であり，R/I は整域であるので，$\langle a \rangle = I$ もしくは $\langle b \rangle = I$ である．これより，$a \in I$ もしくは $b \in I$ である．よって，I は素イデアルである． ■

定理 6.15 R を単位的可換環とし，$I (\neq R)$ を R の極大イデアルであるとする．このとき，剰余環 R/I は体である．また，逆も成り立つ．

116   6 環

(証明) I が R の極大イデアルでであるとし，$a \in R \setminus I$ とする．また，$J = \{xa + y \mid x \in R, y \in I\}$ とする．まず，以下の2つを確認する．

(1) J は R のイデアルである．
(2) $I \subseteq J, I \neq J$ が成り立つ．

まず，(1) を確認する．$b, b' \in J$ とする．このとき，ある $x, x' \in R, p, p' \in I$ に対して，$b = xa + p, b' = x'a + p'$ が成り立つ．$b - b' = (x - x')a + (p - p') \in J$ である．さらに，任意の $y \in R$ に対して，$yb = yxa + yp \in J$ である．J は R のイデアルとなる．次に，(2) を確認する．明らかに，$I \subseteq J$ である．さらに，$a \in J$ であるが，$a \notin I$ であるので，$a \in J \setminus I$ であり，$I \neq J$ となる．

I は R の極大イデアルであるので，$J = R$ となる．よって，任意の R の元は，$b = xa + p$ の形で表現することができる．単位元 1 は，当然 $1 \in R$ であるので，$1 = xa + y$ となる $x \in R, y \in I$ が存在する．このとき，$\langle x \rangle \langle a \rangle = \langle xa \rangle = \langle 1 - y \rangle = \langle 1 \rangle$ である．ここで，$\langle 1 \rangle$ は R/I の乗法の単位元である．よって，任意の $\langle a \rangle$ に対して逆元が存在する．ゆえに，R/I は体となる．

逆が成り立つことは，体のイデアルが $\{0\}$ と自分自身のみであることを考えると明らかである． ∎

定理 6.16 R の極大イデアルは素イデアルである．

(証明) I が極大イデアルであれば，R/I は体となる．したがって，R/I は整域でもある．R/I は整域なので I は素イデアルである． ∎

イデアルの性質とイデアルからつくられる剰余環の性質を表 6.1 にまとめる．

表 6.1 イデアルと剰余環の関係

イデアル	素イデアル	極大イデアル
環	整域	体

6.3 整　　域

この節では，特徴的な整域として，Euclid 整域，単項イデアル整域，一意分解整域を導入する．有理整数環は，これらの性質をもっている．

6.3.1 Euclid 整域と単項イデアル整域

まず，Euclid 整域を定義する．

定義 6.14 整域 R において，零元 0 とは異なる各元 a に非負整数 $g(a)$ が定義されていて，次の 2 つの性質を満たすとき，R を **Euclid 整域**という．

(1) $a, b \in R, a \neq 0, b \neq 0$ ならば，$g(a) \leq g(ab)$．

(2) $a, b \in R, b \neq 0$ ならば，$a = q \cdot b + r$ を満たす q と r で，$r = 0$ または，$g(r) < g(b)$ となるものが存在する．

特に (2) は代数の言葉を使って，われわれのよく知っている世界（＝商と余りが定義されている世界）を表現することに対応しており，1 章で述べた除法定理の拡張になっている．

例 6.6 有理整数環 $\mathbb{Z}$ の元 a に対して，$g(a) = |a|$ とおく．g は 2 つの性質を満たすので，$\mathbb{Z}$ は Euclid 整域である．まず，(1) を確認する．$a, b \in \mathbb{Z} \setminus \{0\}$ に対して，$g(a) = |a|, g(ab) = |ab|$ であるが，$|b| \geq 1$ であるので，$|a| \leq |ab|$ が成り立つ．そのため，$g(a) \leq g(ab)$ が成り立つ．次に，(2) を確認する．任意の a と b に対して，a を b で割ったときの余りを r，商を q とする．ただし，余りは $0 \leq r < |b|$ の範囲にあるものとする．商と余りは一意に決定される．このとき，$r = 0$ であるか，$g(r) < g(b)$ が成り立っている． ◁

例 6.7 体 F の元を係数とする X の多項式の全体を $F[X]$ とする．$A \in F[X]$ に対して，A の次数を $\deg A$ とする．関数 g を $g(A) = \deg A$ とおくと，g は 2 つの性質を満たすので，$F[X]$ は Euclid 整域となる．まず，(1) を確認する．$F[X]$ は整域であるので，任意の多項式 $A_1, A_2 \in F[x] \setminus \{0\}$ に対して，$\deg(A_1 A_2) = \deg A_1 + \deg A_2$ が成り立つ．$\deg A_2 \geq 0$ であるので，$\deg A_1 \leq \deg(A_1 A_2)$ である．次に，(2) を確認する．任意の $A, B \in F[X]$ に対して，$A = qB + r$（ただし，$\deg r < \deg B$）となる $q, r \in F[X]$ が一意に存在する．よって，$r = 0$ となるか $g(r) < g(B)$ である．これは，多項式の割り算を考えると，余りの多項式の次数は割る多項式の次数より必ず小さくなることに相当する． ◁

Euclid 整域の例として，**Gauss**（ガウス）**整数環**に関して説明をする．

118   6 環

定義 6.15 虚数単位 i に対して，有理整数 a, b によって，$a + bi$ で表される複素数を **Gauss 整数**という．Gauss 整数の集合を $\mathbb{Z}[i]$ で表す．

定理 6.17 $\mathbb{Z}[i]$ は Euclid 整域である．

(証明) まず，$\mathbb{Z}[i]$ に関しても，定義 6.14 の (1), (2) が成り立つことを確認する．$a, b \in \mathbb{Z}$ に対して，$x = a + bi$ と表現したときに，$g(x) = a^2 + b^2$ で定義する．このとき，任意の $x, y \in \mathbb{Z}[i] \setminus \{0\}$ に対して，$g(xy) = g(x)g(y)$ かつ $g(y) \geq 1$ であるので，$g(x) \leq g(xy)$ である．$x, y \in \mathbb{Z}[i]$ に対して，$x = yq + r$ で，$g(r) < g(y)$ となる q, r が存在する．具体的には，複素平面上で x/y に最も距離が近い点を q と設定する．このとき，$|\cdot|$ を複素平面上のノルムとすると，

$$\left| \frac{x}{y} - q \right| < \frac{1}{\sqrt{2}} < 1$$

が成り立つ．これより，$g(x - yq) = g(r) < g(y)$ となる．$\mathbb{Z}[i]$ が整域となることは，容易に証明可能であるので省略する．以上より，$\mathbb{Z}[i]$ は Euclid 整域である．■

次に，単項イデアル整域を導入する．

定理 6.18 R を単位的可換環とする．$a_1, a_2, \ldots, a_n \in R$ に対して，R の部分集合

$$I = \left\{ x_1 a_1 + x_2 a_2 + \cdots + x_n a_n \mid x_1, \ldots, x_n \in R \right\}$$

を考える．このとき，I は R のイデアルである．

この I を $a_1, a_2, \ldots, a_n$ で**生成されるイデアル**といい，$(a_1, a_2, \ldots, a_n)$ で表す．

(証明) $x = x_1 a_1 + \cdots + x_n a_n \in I, y = y_1 a_1 + \cdots + y_n a_n \in I$ に対して，$y - x = (y_1 - x_1)a_1 + \cdots + (y_n - x_n)a_n$ であるので，$y - x \in I$ である．さらに，$r \in R$ とする．

$$xr = (x_1 a_1 + x_2 a_2 + \cdots + x_n a_n)r = x_1 r a_1 + x_2 r a_2 + \cdots + x_n r a_n \in I$$

である．以上より，I は R のイデアルである．　　　　　　　　　　　■

定義 6.16 ただ 1 つの元 a で生成されるイデアル (a) を**単項イデアル**という．R が単位的可換環で，R のすべてのイデアルが単項イデアルであるとき，R を**単項**

6.3 整　　域　　119

イデアル環という．R が単項イデアル環でかつ整域であるとき，R を**単項イデアル整域**という．

定理 6.19 Euclid 整域は単項イデアル整域である．

（証明） R を Euclid 整域とする．このとき，定義 6.14 の条件を満たす関数 g が存在する．J を R のイデアルとする．J の 0 以外の元のうち $g(a)$ が最小となる元を a とする．R は Euclid 整域であるので，任意の $b \in J$ に対して，$b = qa + r$ となり，$r = 0$ もしくは $g(r) < g(a)$ を満たす $q, r \in R$ が存在する．$r = b - qa$ であるが，$b, a \in J$ であるので，r も J の元となる．a の最小性から $r = 0$ となる．$r = 0$ であるので，$b = qa$ となる．つまり，任意の $b \in J$ に対して，$b \in (a)$ であり，$J = (a)$ となるため，単項イデアルである．よって，R は単項イデアル整域である．■

例 6.8 有理整数環 $\mathbb{Z}$ は Euclid 整域であるので，単項イデアル整域である．例として，6 と 15 で生成されるイデアル $I = (6, 15)$ を考える．$x, y \in \mathbb{Z}$ に対して，イデアル I は，$6x + 15y$ の形の元全体である．I の元を明示的に書き下してみると，$I = \{\ldots, -3, 0, 3, 6, 9, \ldots\}$ となる．これは，$I = (3)$ を意味する．$\gcd(6, 15) = 3$ であることに注意すると，$6x + 15y = 3(2x + 5y)$ で表現できる．$\gcd(2, 5) = 1$ であるので，$2x + 5y = 1$ となる $x, y \in \mathbb{Z}$ が存在する．実際，$x = -2, y = 1$ のときに，$2x + 5y = 1$ となる．そのため任意の $z \in \mathbb{Z}$ に対して，$2x + 5y = z$ となる x, y が存在する．よって，$I = (\gcd(6, 15)) = (3)$ となる．一般に，$a_1, a_2, \ldots, a_n$ の最大公約数を d とすると，イデアル $I = (a_1, a_2, \ldots, a_n)$ は (d) と一致する．◁

例 6.9 Gauss 整数環は Euclid 整域であるので，単項イデアル整域である．◁

注意 6.6 K を体とすると，多項式環 $K[x]$ は単項イデアル整域である．その一方で，K が体であっても，2 変数多項式環 $K[x, y]$ は，単項イデアル整域とはならない．そのため，2 変数以上の多項式環は別の取り扱いが必要である．詳しくは，8 章で説明する．◁

単項イデアル整域では，表面上，複数の元から生成されるイデアルであったとしても，実はたった 1 つの元から生成されるイデアルであることを意味する．

6.3.2 一意分解整域

以下の説明では，「元」を「数」と置き換えてみると直観的に理解しやすい．しかし，必ずしも有理整数環 $\mathbb{Z}$ でなくても以下の議論が成立する点が重要である．この項では，整域 R の単位元を e とする．

定義 6.17 R を整域とする．$a, b \in R$ に対して，$a = bc$ となる $c \in R$ が存在するとき，$b \mid a$ と書く．a は b で割り切れる，a は b の倍元である，b は a を割る，b は a の約元であるなどという．

$b \mid a$ であれば，$(a) \subseteq (b)$ が成り立つ．逆に，$(a) \subseteq (b)$ であれば，$b \mid a$ である．

定義 6.18 $a \mid b$ かつ $b \mid a$ のとき，a と b は**同伴**であるといい，$a \sim b$ と書くことにする．

U を整域 R の単元全体とする．a と b が同伴であることと，$b = ua$ となる $u \in U$ が存在することは等価である．

例 6.10 単元 $u \in U$ は単位元 e と同伴である．すなわち，$u \sim e$ である． ◁

例 6.11 整域として有理整数環 $\mathbb{Z}$ を考える．$\mathbb{Z}$ の単元は，$\{1, -1\}$ のみである．$5 \mid (-5)$ であり，$(-5) \mid 5$ であるので，5 と -5 は同伴である．また，$-5 = (-1) \times 5$ であり，$5 = (-1) \times (-5)$ が成り立つ． ◁

なお，a と b が同伴であれば，$(a) = (b)$ である．

定義 6.19 $r \mid a$ かつ $r \mid b$ であるとき，r は a, b の**公約元**であるという．$a \mid l$ かつ $b \mid l$ であるとき，l は a, b の**公倍元**であるという．

以下では，素数がもつ次の2つの性質を区別して議論する．

- 2つの整数を掛け合わせた整数が，素数 p で割り切れるとする．このとき，必ずどちらかの整数は，p の倍数である．（素元の定義）
- 素数 p を割り切る自然数は，1 か p 自身のみである．（既約元の定義）

標準的な素数の定義は，素元の定義ではなく，既約元の定義にもとづいていることに注意されたい．次に，素元，既約元の定義を与える．

定義 6.20 U を整域 R の単元全体とする. $p \notin U$ とする. 任意の $a, b \in R$ に対して, $p \mid a \cdot b$ ならば, $p \mid a$ または $p \mid b$ が成り立つとき, p は**素元**であるという.

例 6.12 整域 R として, 有理整数環 $\mathbb{Z}$ を考える. $p = 3$ とする. $ab = 15$ に対して, すべての可能な (a, b) の組は $(a, b) = (1, 15), (3, 5), (5, 3), (15, 1)$ であるが, いずれの組も, $3 \mid a$ または $3 \mid b$ のどちらかが成り立つ. $p = 6$ として, $ab = 30$ を考える. $a = 3, b = 10$ とすると, $p \mid ab$ であるが, $6 \nmid 3$, $6 \nmid 10$ であるので, 6 は素元ではない. ◁

注意 6.7 p が素元であることと (p) が素イデアルであることとは等価である. ◁

定義 6.21 (既約元の定義 1) a を整域 R の単元でない元とする. 任意の b に対して, $b \mid a$ ならば $b \sim a$ または $b \sim e$ が成り立つとき, a は**既約元**であるという.

既約元は次のように定義されていることもある.

定義 6.22 (既約元の定義 2) a を整域 R の単元でない元とする. $a = bc$ ならば, $b \sim e$ または $c \sim e$ が成り立つとき, a は既約元であるという.

定理 6.20 既約元の 2 つの定義は等価である.

(証明) ある元 a が定義 6.21 の条件を満たしているとする. $a = bc$ であれば $b \mid a$ であるので, $b \sim a$ または $b \sim e$ が成り立つ. $b \sim a$ のときは, c は単元であるので, $c \sim e$ となり, 定義 6.22 の条件を満たしている. ある元 a が定義 6.22 の条件を満たしているとする. $b \mid a$ であれば, $a = bc$ となる $c \in R$ が存在するため $b \sim e$ または $c \sim e$ となる. $c \sim e$ のとき, $a \sim b$ となり, 定義 6.21 の条件を満たしている. ∎

例 6.13 考える代数系を有理整数環 $\mathbb{Z}$ とする. $a = 5$ とする. 素直に定義に従えば, $b \mid 5$ ならば, $b \sim 5$ か $b \sim 1$ が成り立つとき, a は既約元である. いま, $b \mid 5$ となる b は, $b = \pm 1, \pm 5$ である. よって, 確かに 5 は既約元である. より一般に, $p \in \mathbb{Z}$ を素数とする. $b \mid p$ となる b は, $b = \pm 1, \pm p$ のみである. よって, 素数 p は既約元である. ◁

122   6 環

定義 6.23 R を整域, U を R の単元全体とする. R の任意の元 $a\,(a \notin U, a \neq 0)$ が,

$$a = p_1 \cdot p_2 \cdots p_k$$

のように, 有限個の素元 p_i の積に, 順序と U の元の積を除いて一意的に表現できるとき, R を**一意分解整域**という.

注意 6.8 一意分解整域は, UFD (Unique Factorization Domain) と略記されることもある.   ◁

定理 6.21 単項イデアル整域は一意分解整域である.

定理 6.22 整域において, 素元は既約元である.

(証明) p は素元であるとする. ある a, b に対して $p = ab$ と表現できるとする. このとき, p は素元であるので, $p \mid a$ または $p \mid b$ が成り立つ. $p \mid a$ とすると, $u \in R$ を用いて, $a = up$ と表現することができる. よって, $p = upb$ となる. これより, $ub = e$ が成立するため, $b \sim e$ である. よって, p は既約元となる. ■

注意 6.9 定理 6.22 の逆は必ずしも成り立たず, 既約元は素元であるとは限らない. しかし, R が一意分解整域であるとき, 既約元は素元となる. すなわち, R が一意分解整域であるときには, 既約元と素元を区別して考える必要はない. その一方で, R が一意分解整域ではないときには, この 2 つは明確に区別しなくてはならない.   ◁

例 6.14 環 $\mathbb{Z}[\sqrt{-5}]$ を考える. この環が一意分解整域ではないことを確認する. 例えば, 元 6 は

$$6 = 2 \times 3 = (1 + \sqrt{-5})(1 - \sqrt{-5})$$

と 2 通りに分解される. ここで, $2, 3, 1 + \sqrt{-5}, 1 - \sqrt{-5}$ はすべて既約元であることに注意されたい. これより, $\mathbb{Z}[\sqrt{-5}]$ は一意分解整域ではない.   ◁

例 6.15 $\mathbb{Z}[\sqrt{-5}]$ の既約元は必ずしも素元とは限らない. 実際に, 元 3 は既約元であるが, 素元ではない. まず, $2 + \sqrt{-5}, 2 - \sqrt{-5} \in \mathbb{Z}[\sqrt{-5}]$ であり, $3 \nmid$

$(2+\sqrt{-5})$, $3 \nmid (2-\sqrt{-5})$ が成り立つ. 一方, $(2+\sqrt{-5})(2-\sqrt{-5}) = 9$ であるため, $3 \mid (2+\sqrt{-5})(2-\sqrt{-5}) = 9$ となる. これより, 3 は素元ではない. ◁

例 6.16 有理整数環 $\mathbb{Z}$ は, Euclid 整域であるので単項イデアル整域である. さらに, 単項イデアル整域であるので一意分解整域である. $\mathbb{Z}$ の単元の集合は $U = \{1, -1\}$ であるため, 任意の $\mathbb{Z}$ の元は積の順番の任意性と U の元の積を除いて, 素数の積に一意に分解できる. ◁

例 6.17 変数 X に関する実数係数多項式の全体 $\mathbb{R}[X]$ は単項イデアル整域であるので一意分解整域である. $\mathbb{R}[X]$ の単元の集合は, $U = \mathbb{R} \setminus \{0\}$ である. よって, $\mathbb{R}[X]$ の任意の元は, U の積の順番の任意性を除いて, 素元の積に分解可能である. ◁

定理 6.23 整域 R が一意分解整域ならば, $R[X]$ も一意分解整域である.

これ以降は, 3 章とほぼ同様の議論を行う. 3 章では有理整数環 $\mathbb{Z}$ に限定した議論を行っているが, その議論は任意の一意分解整域において有効である.

以下の議論では, 考える代数系は一意分解整域であるとする. まず, 最大公約元, 最小公倍元を定義する. 元 a, b の共通の約元を**公約元**とよぶ. 同様に, 元 a, b の共通の倍元を**公倍元**とよぶ.

定義 6.24 a と b の公約元を d とする. a, b の任意の公約元がすべて d の約元になるとき, d は a, b の**最大公約元**であるという.

定義 6.25 a と b の公倍元を m とする. a, b の任意の公倍元がすべて m の倍元になるとき, m は a, b の**最小公倍元**であるという.

a, b の最大公約元, 最小公倍元を, それぞれ $\gcd(a, b)$, $\mathrm{lcm}(a, b)$ と書く.

ここで「最大」の意味を考える. $b \mid a$ であれば, $b \preceq a$ というように順序関係を定義することにする. このとき, a と b の最大公約元 d は, a と b の任意の約元 d' に対して $d' \mid d$ であるが, これは $d' \preceq d$ を意味する. このため, この順序関係において, d は最大の公約元となる. 次に, Euclid 整域について考える. このとき, $g(b) \le g(a)$ であれば, $b \preceq a$ というように順序関係を定義することができる. 有理整数環では, $b \mid a$ であれば常に $b \le a$ であり, 最大公約数が確かに最大の公

124   6 環

約数となっている.

最大公約元，最小公倍元は，明示的には次のように与えられる.

定理 6.24 (最大公約元と最小公倍元) 一意分解整域 R の元 a, b を有限個の素元の積に分解したものが，

$$a = u \prod_i p_i^{m_i}, \quad b = v \prod_i p_i^{n_i}$$

で与えられるとする．ただし，U を R の単元全体とし，$u, v \in U$ とする．a, b の**最大公約元，最小公倍元**の 1 つは，$f_i = \min(m_i, n_i), g_i = \max(m_i, n_i)$ とすると，

$$\prod_i p_i^{f_i}, \quad \prod_i p_i^{g_i}$$

で与えられる.

注意 6.10 一意分解整域 R の元 a, b の最大公約元が g が与えられるとする．また，R の任意の単元 u に対して，ug も a, b の最大公約元となる．最小公倍元の場合も同様である. ◁

単項イデアル整域を考える．2 つの元から生成されるイデアルは，その定義より，うまく元を選ぶことにより，ただ 1 つの元から生成されるイデアルと同一になる．では，どのような元により生成されるのであろうか？ 例 6.8 で見たように，$\mathbb{Z}$ であるときには，2 つの元の最大公約数から生成されるイデアルとなる．より一般の単項イデアルのときにはどうだろうか？ この疑問に関しては，次の定理が知られている.

定理 6.25 整域 R が単項イデアル整域であるとする．$a, b \in R$ の最大公約元を d とする．このとき，$(d) = (a, b)$ である．これより，$d = ax + by$ を満たす $x, y \in R$ が存在する.

定理の証明の際に次の性質を用いる.

補題 6.1 r が元 a, b の公約元である（$r \mid a$ かつ $r \mid b$ である）ならば，任意の $x, y \in R$ に対して $r \mid ax + by$ が成り立つ.

6.3 整　域　125

（定理 6.25 の証明） R は単項イデアル整域であるので，$(a,b) = (l)$ となる l が存在する．$a, b \in (l)$ であるので，$l \mid a, l \mid b$ である．よって，l は a と b の公約元である．d は a, b の最大公約元なので，$l \mid d$ である．

一方，d は a, b の公約元であるので，$d \mid a, d \mid b$ である．$l \in (a,b)$ であるので，適切に選ぶことにより，$l = ax + by$ となる．ここで，補題 6.1 より $d \mid l$ である．よって，$d \sim l$ である．以上より，$(d) = (l)$ である．　■

定理 6.26 Euclid 整域 R に対して，$a, b \in R$ とする．$a = bq + r$ を満たす q, r に対して $d = \gcd(a,b)$, $d' = \gcd(b,r)$ とすると，$d \sim d'$ が成り立つ．

（証明） $r = a - bq$ であるため，$d \mid r$ である．また，$d \mid b$ であるので，d は b と r の公約元である．d' は最大公約元であるので，$d \mid d'$ が成立する．また，$a = bq + r$ であるため，$d' \mid a$ である．また，$d' \mid b$ であるので，d' は a と b の公約元である．d は最大公約元であるので，$d' \mid d$ が成立する．よって，$d \sim d'$ である．　■

この原理を用いて最大公約元を求めるアルゴリズムが，Euclid の互除法である．以下，そのアルゴリズムを記述する．基本的な構造は，自然数に対する Euclid の互除法（3.3 節を参照のこと）と同一である．$a, b \in R$ の最大公約元を次の方法で求めることができる．

一般性を失うことなく，$g(a) > g(b)$ としてよい．まず，$a_0 = a, a_1 = b$ とする．a_0 と a_1 に対して $a_0 = q_1 a_1 + a_2$（ただし，$g(a_2) < g(a_1)$）となる q_1, a_2 を求める．次に，a_1, a_2 に対して，$a_1 = q_2 a_2 + a_3$（ただし，$g(a_3) < g(a_2)$）となる q_2, a_3 を求める．この作業を，余りが 0 になるまで繰り返す．最後の状態が，

$$a_{k-1} = q_k a_k$$

となったとする．すべての i に対して，$\gcd(a_{i-1}, a_i) = \gcd(a_i, a_{i+1})$ が成り立つ．よって，$\gcd(a,b) = \gcd(a_0, a_1) = \gcd(a_{k-1}, a_k)$ が成り立つ．一方，$\gcd(a_{k-1}, a_k) = a_k$ である．よって，$\gcd(a,b) = a_k$ となる．素元分解を経由することなく，最大公約元の計算が可能であることに注意されたい．

7 体

体とは，環において，零元を除いた集合が乗法に関しても可換群となるものをいう．この章では，まず，体の一般的な説明を行い，ついで体の拡大を説明し，有限体の構成法を解説する．

7.1 体 の 定 義

定義 7.1 代数系 $(F, +, \cdot)$ が，$+$ に関しては可換群で，$F \setminus \{0\}$ が $\cdot$ に関して可換群であり，分配法則を満たすとき，F は**体**であるという．

記号として，体 F の元 a を n 回加えたものを na と書くことにする．つまり，

$$na = \underbrace{a + \cdots + a}_{n}$$

とする．$n \in \mathbb{N}, a \in F, na \in F$ であることに注意されたい．

定義 7.2 体 F の乗法単位元 1 に対して，$p1 = 0$ となる最小の自然数 p を体 F の**標数**という．また，このような p が存在しなければ，標数は 0 と定義する．

例 7.1 $\mathbb{Q}, \mathbb{R}, \mathbb{C}$ では，$p1 = 0$ となる自然数 p は存在しない．よって，これらの体の標数は 0 である． ◁

例 7.2 体 $\mathbb{Z}_7$ では，1 を 7 回加えると 0 に戻る．その一方で，1 を 6 回以下加えた場合は 0 になることはない．よって，$\mathbb{Z}_7$ の標数は 7 である． ◁

例 7.3 素数 p に対して，体 $\mathbb{Z}_p$ の標数は p である． ◁

体の標数として，任意の非負整数がとれるわけではなく，次の定理が知られている．

定理 7.1 体の標数は，0 または素数である．

128   7 体

(証明) 標数 p が合成数であり，$p = p_1 p_2$（ただし，$p_1, p_2 \neq 1$）と表現できるとする．このとき，明らかに $p_1 < p, p_2 < p$ である．標数の定義より，乗法の単位元 1 に対して，$(p_1 p_2)1 = 0$ である．また，分配法則より

$$(p_1 1) \cdot (p_2 1) = \underbrace{(1 + \cdots + 1)}_{p_1}\underbrace{(1 + \cdots + 1)}_{p_2} = \underbrace{1 + \cdots + 1}_{p_1 p_2 (=p)} = p1 = 0$$

であるので，$(p_1 1) \cdot (p_2 1) = 0$ となる．その一方で，標数の定義より，$(p_1 1) \neq 0, (p_2 1) \neq 0$ である．したがって，$p_1 1, p_2 1$ は零因子となるが，これは体であることに反する．よって，標数は合成数となることはなく，0 か素数となる．∎

標数の定義において，$p1 = 0$ の議論をしていたが，1 だけではなく任意の元 $a \in F$ に対して，次の系が成り立つ．

系 7.1 体 F の標数 p が素数のとき，F の任意の元 a に対して，$pa = 0$ となる．

(証明) 分配法則より，

$$pa = \underbrace{a + \cdots + a}_{p} = a\underbrace{(1 + \cdots + 1)}_{p} = a \cdot 0 = 0$$

が成り立つ．∎

定義 7.3 体 F に対して，部分集合 E が F と同じ加法と乗法に関して体であるとき，E は F の**部分体**であるという．

これ以降，2 つの体 E が F の部分体であるかどうかを議論するとき，同一の算法を用いていることを暗に仮定する．

例 7.4 有理数体 $\mathbb{Q}$ は実数体 $\mathbb{R}$ の部分体である．▷

定義 7.4 体 E が体 F の部分体であるとき，体 F は体 E の**拡大体**であるという．このとき，E と F の組を体の拡大 F/E と書くことにする．

F が E の拡大体であるとき，F は E 上のベクトル空間と考えることができる．F が E 上のベクトル空間として有限次元であるならば，F を E の有限次拡大体であるという．また，その次数を**拡大次数**とよぶ．

例 7.5 実数体 $\mathbb{R}$ は有理数体 $\mathbb{Q}$ の拡大体である. ◁

定義 7.5 3 つの体 F, K, E があり, $F \subseteq K \subseteq E$ を満たし, 相互に部分体, 拡大体の関係にあるとき, K は F, E の**中間体**であるという.

例 7.6 実数体 $\mathbb{R}$ は, 有理数体 $\mathbb{Q}$ と複素数体 $\mathbb{C}$ の中間体である. ◁

定理 7.2 体 E_1, E_2 が体 F の部分体であるとき, E_1 と E_2 の共通部分 $E_1 \cap E_2$ も F の部分体である.

次に, 素体を定義する.

定義 7.6 自分自身以外に部分体を含まない体を**素体**という.

定理 7.3 任意の体は, 標数が素数 p ならば $\mathbb{Z}_p$ と同型な素体を含み, 標数が 0 ならば有理数体 $\mathbb{Q}$ と同型な素体を含む.

この定理は, 強力である. 体は自由に構造をとることはできず, 標数により構造が制限されていることを意味している. 実際に, 元の個数が有限の場合は, n を自然数として元の個数が p^n の体しか構成することができない. 7.2 節では, p を素数として $\mathbb{Z}_p$ の拡大体の構成法を述べる.

7.1.1 超越拡大体, 代数拡大体, 最小多項式

定義 7.7 体 H の部分体 E と H の部分集合 M に対して, $E \cup M$ を含む H の最小の部分体を E に M を添加して得られた拡大体といい, $E(M)$ と書く (図 7.1). 具体的に $M = \{\alpha_1, \ldots, \alpha_n\}$ と記述できるときには, $E(\alpha_1, \ldots, \alpha_n)$ とも書く.

定義 7.8 M がただ 1 つの元 α からなるとき, $E(\alpha)$ を**単純拡大体**という.

例 7.7 実数体 $\mathbb{R}$ に虚数単位 i を添加して得られる単純拡大体 $\mathbb{R}(\mathrm{i})$ は複素数体 $\mathbb{C}$ と一致する. ◁

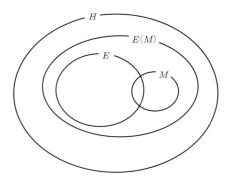

図 **7.1** 添加して得られた拡大体

例 7.8 有理数体 $\mathbb{Q}$ に $\sqrt{2}$ を添加して得られる拡大体 $\mathbb{Q}(\sqrt{2})$ は，$a+b\sqrt{2}$ $(a,b \in \mathbb{Q})$ の形の元全体からなる． ◁

例 7.9 $\mathbb{Q}(\sqrt{2},\sqrt{3})$ は，$a+b\sqrt{2}+c\sqrt{3}+d\sqrt{6}$ $(a,b,c,d \in \mathbb{Q})$ の全体から構成される．一方，$\mathbb{Q}(\sqrt{2},\sqrt{3}) = \mathbb{Q}(\sqrt{2}+\sqrt{3})$ であるので，$\mathbb{Q}(\sqrt{2},\sqrt{3})$ は $\sqrt{2}+\sqrt{3}$ という 1 つの元を添加することにより構成される．そのため，$\mathbb{Q}(\sqrt{2},\sqrt{3})$ は $\mathbb{Q}$ の単純拡大体である．

$\mathbb{Q}(\sqrt{2},\sqrt{3}) = \mathbb{Q}(\sqrt{2}+\sqrt{3})$ であることは次のように確認できる．まず，$\mathbb{Q}(\sqrt{2}+\sqrt{3}) \subseteq \mathbb{Q}(\sqrt{2},\sqrt{3})$ は明らかである．$\alpha = \sqrt{2}+\sqrt{3}$ とすると，$\sqrt{3} = \frac{1}{2}\left(\alpha + \frac{1}{\alpha}\right)$, $\sqrt{2} = \frac{1}{2}\left(\alpha - \frac{1}{\alpha}\right)$ が成り立つ．これより，$\mathbb{Q}(\sqrt{2},\sqrt{3}) \subseteq \mathbb{Q}(\sqrt{2}+\sqrt{3})$ である．以上より，$\mathbb{Q}(\sqrt{2},\sqrt{3}) = \mathbb{Q}(\sqrt{2}+\sqrt{3})$ となる． ◁

定義 7.9 K を体とする．α がある零多項式でない $f(x) \in K[x]$ に対して $f(\alpha) = 0$ を満たすとき，α は K 上で**代数的**であるという．

定理 7.4 E を F の拡大体とし，α を E の元とする．このとき，

$$J_\alpha = \{f(x) \in F[x] \mid f(\alpha) = 0\}$$

は，$F[x]$ のイデアルである．

零多項式 0 は J_α の自明な元であることに注意されたい．$J_\alpha \neq \{0\}$ であるとき（つまり，非自明な元があるとき）は，α は F 上で**代数的**であるという．これは，

F 上代数的であることの，定義 7.9 とは表面上異なる（が実質的には同じ）定義を与えている．$J_\alpha = \{0\}$ であるときには，α は F 上**超越的**であるという．

$J_\alpha \neq \{0\}$ であるということは，J に属する非自明な多項式が 1 つ以上存在することを意味する．しかし，次のように本質的な多項式は 1 つに定まる．

定理 7.5 α が F 上代数的であるとする．このとき，イデアル J_α は単項イデアルである．

（証明） $F[x]$ は単項イデアル環であるので，$F[x]$ の任意のイデアルは単項イデアルである．よって，J_α に対しても，ある既約多項式 $p(x)$ により，$J_\alpha = (p(x))$ となる． ∎

この $p(x)$ を，α の F 上の**最小多項式**という．また，$p(x)$ の次数を α の F 上の代数的な**次数**という．

$\alpha \in E$ に対して，$p(x)$ を α の F 上の最小多項式とする．このとき，$f(x) \in F[x]$ に対して，$f(\alpha) = 0$ であるならば，$p(x) \mid f(x)$ が成り立つ．逆に，$p(x) \mid f(x)$ が成り立つならば，$f(\alpha) = 0$ である．

ここで，「最小」の気持ちを説明しよう．$f(\alpha) = 0$ となる 0 以外の多項式の中で「次数が最小」な多項式であるため，最小多項式とみなすことが最も自然であろう．また，$p(x) \mid f(x)$ であるとき，$p(x) \preceq f(x)$ という順序関係を考えたときに，順序が最小な多項式と捉えることができる．

例 7.10 $f(x) = x^2 - 2$ とおくと，$f(\sqrt{2}) = 0$ である．したがって，$\sqrt{2}$ は $\mathbb{Q}$ 上代数的である．0 でない有理数係数多項式で，$\sqrt{2}$ を代入することにより 0 となり次数が 1 以下の多項式は存在しない．そのため，$f(x)$ は $\sqrt{2}$ の $\mathbb{Q}$ 上の最小多項式である．$\sqrt{2}$ の $\mathbb{Q}$ 上の代数的次数は 2 である． ◁

例 7.11 体の拡大 $\mathbb{C}/\mathbb{Q}$ を考える．虚数単位 i に対して，$J_i = \{f(x) \in \mathbb{Q}[x] \mid f(i) = 0\}$ は係数が有理数で，i を零点にもつ多項式の集合である．明らかに，$J_i = (x^2 + 1)$ であるので，i は $\mathbb{Q}$ 上代数的である．また，$\sqrt{2} \in \mathbb{R}$ に対して，$J_{\sqrt{2}} = (x^2 - 2)$ である． ◁

定義 7.10 E/F を体の拡大とする．E の任意の元 α が F 上代数的であるとき，E は F の**代数的拡大**であるという．

132   7 体

定理 7.6 有限次拡大 E/F は代数的拡大である.

例 7.12 拡大 $\mathbb{C}/\mathbb{R}$ を考える. その拡大次数は 2 であるため, $\mathbb{C}/\mathbb{R}$ は代数的拡大である. また直接的には $\alpha \in \mathbb{C}$ に対して, 方程式 $x^2 - (\alpha + \bar{\alpha})x + \alpha\bar{\alpha} = 0$ は α を解としてもち, $\alpha + \bar{\alpha}, \alpha\bar{\alpha} \in \mathbb{R}$ となるため, 係数が $\mathbb{R}$ に入る 2 次方程式となる. ただし, $\bar{\alpha}$ は α の複素共役とする. よって, $\mathbb{C}/\mathbb{R}$ は代数的拡大である.   ◁

次は, 超越的な数の例である.

例 7.13 π, e は $\mathbb{Q}$ 上超越的である. また, $\pi + \mathrm{e}^\pi, \pi \mathrm{e}^\pi$ も $\mathbb{Q}$ 上超越的である. ◁

その一方で, $\mathrm{e} + \pi$ や $\mathrm{e}\pi$ は, $\mathbb{Q}$ 上代数的であるか超越的であるかが明らかになっていない.

7.1.2 順　序　体

定義 7.11 体 $(K, +, \cdot)$ に次の性質をもつ全順序 $(K, \leq)$ が与えられているとき, 体 K を**順序体**という.

(1) $a \leq b$ かつ $c \leq d \Rightarrow a + c \leq b + d$
(2) $a \leq b \Rightarrow -b \leq -a$
(3) $0 < a$ かつ $0 < b \Rightarrow 0 < a \cdot b$

体 K において, どのような $n \in \mathbb{N}, a_i \in K$ に対しても,

$$a_1^2 + a_2^2 + \cdots + a_n^2 = -1$$

という関係が成り立たないとき, K を**実体**とよぶ.

順序体は常に実体となる. 逆に実体に適切に順序を導入することにより, 順序体とすることができる.

有限体は実体とならない. なぜならば, 体の標数を p としたときに, $p-1$ 個の 1^2 の和により,

$$-1 = 1^2 + \cdots + 1^2$$

とすることができるためである. これより, 有限体は定義 7.11 のような全順序をいれることが不可能であるため順序体とは成り得ない. そのため, 順序体の標数は必ず 0 である.

7.1 体 の 定 義　　133

　実数体 $\mathbb{R}$ は通常の順序関係に対して順序体となる．有理数体 $\mathbb{Q}$ も同様に，通常の順序関係に対して順序体となる．その一方で複素数体 $\mathbb{C}$ は，$\mathrm{i} \in \mathbb{C}$ に対して $\mathrm{i}^2 = -1$ となるので，実体ではない．また，どのような順序をいれても，上記3つの条件を満たすことができないので，$\mathbb{C}$ は順序体ではない．

7.1.3　代 数 的 閉 体

　複素数体 $\mathbb{C}$ を考える．次数が正で複素数係数の任意の多項式は，$\mathbb{C}$ に必ず零点をもつ．この定理は，**代数学の基本定理**とよばれている．$\mathbb{C}$ ではなく，別の体ではどのようなことがおこるのであろうか？

　まず，体として実数体 $\mathbb{R}$ を考える．$\mathbb{R}$ の元を係数としてもつ任意の多項式は，$\mathbb{R}$ 内に零点を常にもつであろうか？　例えば2次の多項式 $x^2 + 1$ を考えると，これは成り立たない．

定義 7.12　K を体とする．K の元を係数としてもつ任意の多項式 $f(x) \in K[x]$ が常に K の中に零点をもつとき，K は代数的に閉じているという．また，K は**代数的閉体**であるという．

　K が代数的閉体であるならば，K を係数としてもつ多項式 $f(x)$ は，K を係数としてもつ1次式の積に分解される．したがって，代数的閉体 K の代数的拡大は K のみである．

例 7.14　複素数体 $\mathbb{C}$ は代数的閉体である．実数体 $\mathbb{R}$ は代数的閉体ではない．　◁

定義 7.13　K/F を代数的拡大とする．K が代数的閉体であるとき，K を F の**代数的閉包**という．

定理 7.7　任意の体は代数的閉包をもつ．

　この定理は，拡大前の体では多項式に解をもたなくても，体の拡大を行うことにより，最終的にはすべての解を含むことができることを示している．

134   7 体

7.1.4 斜　　体

積に関しては非可換であるが，零元以外のすべての元が積に関する逆元をもつ環を考える．このような代数系は，定義 1.15 で述べたように，体とは区別して**斜体**とよばれる．ここで，斜体の例として，Hamilton（ハミルトン）の四元数体を紹介する[*1]．

定義 7.14 $1, i, j, k$ を基底とする $\mathbb{R}$ 上の 4 次元ベクトル空間に対して，元を $a1 + bi + cj + dk$（各 a, b, c, d は，$\mathbb{R}$ の元とする）で表現する．各基底の積を次で定義する．

(1) 1 は単位元とする．このとき，$l \in \{1, i, j, k\}$ に対して，$1 \cdot l = l \cdot 1 = l$ となる．
(2) i, j, k 間の積は

$$i^2 = j^2 = k^2 = -1, \quad ij = -ji = k, \quad jk = -kj = i, \quad ki = -ki = j \quad (7.1)$$

で定義する．このように構成された代数系を **Hamilton の四元数体**とよぶ．

和を通常のベクトル空間としての和

$$(a_1 1 + b_1 i + c_1 j + d_1 k) + (a_2 1 + b_2 i + c_2 j + d_2 k)$$
$$= (a_1 + a_2)1 + (b_1 + b_2)i + (c_1 + c_2)j + (d_1 + d_2)k$$

で定義する．積に関しては，

$$(a_1 1 + b_1 i + c_1 j + d_1 k) \cdot (a_2 1 + b_2 i + c_2 j + d_2 k)$$

を分配法則により展開したものに対して，式 (7.1) を適用したものとして定義する．定義より，積に対して可換とはならない．しかし，それ以外の体としての性質をすべてもっているため，斜体となる．

7.2 有　限　体

元の個数が有限である体を**有限体**という．素数 p に対して，剰余環 $\mathbb{Z}_p$ は体となる．このとき位数は p であるため，有限体となる．この節では，$\mathbb{Z}_p$ の拡大体を考えることにする．

[*1] **四元数環**とよばれることも多い．

7.2 有 限 体 135

体の拡大により体の構成を考える場合，以下の 2 つの定理が有用である．

定理 7.8 体 F 上の既約多項式 $f(x)$ に対して，$F[x]/(f(x))$ は F の拡大体となる．$\deg f = n$ とすると，拡大体の位数は p^n である．

定理 7.9 位数の等しい有限体は，すべて同型である．

位数が q である有限体を $\mathrm{GF}(q)$ と書くことにする．

素数 p に対して，剰余環 $\mathbb{Z}_p$ は元の個数が p の体をなし，$\mathrm{GF}(p)$ と同型である．また，多項式環 $\mathbb{Z}_p[x]$ の任意の n 次既約多項式 $f(x)$ により生成されるイデアル $(f(x))$ による剰余環 $\mathbb{Z}_p[x]/(f(x))$ は，$\mathrm{GF}(p^n)$ と同型である．

以下に，具体的に有限体の構成法をまとめる．p は素数，n は自然数とし，標数 p の体 $\mathbb{Z}_p$ から元の個数が p^n である体を構成することにする．まず，次数が n で $\mathbb{Z}_p$ 上で既約な多項式 $f(x)$ を求める．剰余類 $\mathbb{Z}_p[x]/(f(x))$ は，元の個数が p^n の体となっている．

注意 7.1 この 2 つの定理により，（既約である限りは）どのような多項式を選択しても，結果として構成される体は同型であり，数学的な構造はまったく同一となることがわかる．しかし，実際の応用を考える場合には，計算時間に影響するため多項式の選択はきわめて重要である．符号理論，暗号理論での応用においては，$f(x)$ として，最高次の次に大きい次数が小さく，項数が少ない多項式を選択することが多い．これにより，高速に剰余計算を行うことが可能となる．例えば，$\mathbb{Z}_2$ の 8 次の拡大体 $\mathrm{GF}(2^8)$ を考える際に，既約多項式として

$$f(x) = x^8 + x^4 + x^3 + x^2 + 1$$

をとる（実際に $f(x)$ が既約となることを確認されたい）ことにより，位数 $2^8 = 256$ の体を構成することが多い．剰余計算は，$x^8 = x^4 + x^3 + x + 2 + 1$ と置き換えることにより実現できるため，剰余計算後の多項式の次数を小さく抑えることが可能となり高速化が実現できる． ◁

注意 7.2 定理 7.1 で述べたように，有限体の標数は必ず素数となる．その素数を p と置くと，ある自然数 n に対して，元の個数は p のべき乗 p^n と等しい． ◁

素数 p, 自然数 n に対して, $q = p^n$ とする. 有限体 GF(q) の任意の元 α に対して,

$$\alpha^q = \alpha$$

が成り立つ. これより, 多項式 $x^q - x$ は q 個の 1 次式 $x - \alpha$(ただし, $\alpha \in$ GF(q)) の積に因数分解される. すなわち,

$$x^q - x = \prod_{\alpha \in \mathrm{GF}(q)} (x - \alpha)$$

が成り立つ.

定理 7.10 GF(p^n) の任意の元 a, b と任意の自然数 m に対して,

$$(a + b)^{p^m} = a^{p^m} + b^{p^m},$$
$$(a - b)^{p^m} = a^{p^m} - b^{p^m}$$

が成り立つ.

定理 7.11 GF(p^n) に対して, 自然数 m が n を割り切るとき, またそのときに限り, GF(p^m) は GF(p^n) の部分体である.

7.2.1 有限体の元の表現法

ここでは, 有限体の各元の表現法を 3 種類紹介する.

(a) 多項式表現

各々の元は, 次数が $n - 1$ 以下で係数が $\mathbb{Z}_p$ である多項式により表現することができる. 2 つの元の加法, 乗法は, 以下のように定義される.

加法: 通常の多項式の加法により行われる. ただし, 各係数の計算は, $\mathbb{Z}_p$ で行う.

乗法: 通常の多項式の乗法結果に対して, $f(x)$ での剰余を $\mathbb{Z}_p$ 上で行ったものとして定める.

多項式表現は最も標準的であるが, 加法のみしか行わない, もしくは乗法のみしか行わない場合には, 特殊な表現法を用いると効率的に計算が可能である. 以

7.2 有　限　体　137

下では，有限体の元のベクトル表現とべき指数表現という 2 つの表現法を説明する．ベクトル表現を用いると加法を，べき指数表現を用いると乗法を効率的に計算することが可能である．

(b) ベクトル表現

有限体の各元を，各成分が $\mathbb{Z}_p$ の n 次元ベクトルとして表現する．例えば，x^i の係数をベクトルの第 $(i+1)$ 成分として設定する．すなわち，定数項を第 1 成分，x の係数を第 2 成分，x^2 の係数を第 3 成分，…，とし，x^{n-1} の係数を第 n 成分と設定する．このとき，加法は $\mathbb{Z}_p$ 上でのベクトルの加法となる．単なるベクトルの加法であるので計算はきわめて容易である．その一方で，乗法は多項式表現を用いて通常の多項式の乗法を行い，$f(x)$ での剰余を行う必要がある．

(c) べき指数表現

次数 n の $\mathbb{Z}_p$ 上での既約多項式 $f(x)$ に対して，

$$x^{p^n-1} \equiv 1 \,(\mathrm{mod}\, f(x))$$

が成り立つ．この性質より，次数が $n-1$ 次以下の任意の多項式 $g(x)$ に対して，

$$g(x)^{p^n-1} \equiv 1 \,(\mathrm{mod}\, f(x))$$

が成り立つ．ここで，特に，p^n-1 乗することによりにより初めて 1 となる多項式を考える（このような多項式が存在することが知られている）．群 $(GF(p^n)\backslash\{0\}, \cdot)$ は巡回群となり，このような多項式が生成元となる．$f(x)$ をうまく選ぶことにより生成元を x ととることが可能なため，これ以降，多項式 $g(x)$ として x のみを考えることにする．

この性質を用いることにより，$n-1$ 次以下の多項式 $h_i(x)$ と単項 x^i（ただし，$0 \leq i < p^n$）との対応づけを行う．ここでは x^i と，x^i を $f(x)$ で割った剰余 $h_i(x)$ とを対応づける写像を考える．この写像は全単射となる．そのため，x^i と $h_i(x)$ を対応づけることにする．2 つの元 x^i と x^j の乗法は，$g(x)^{i+j \,\mathrm{mod}\, (p^n-1)}$ で計算されることになる．そのため実質的には，情報をもっているのはべき指数部分のみであるので，べき指数により表現された 2 つの元の乗法を行うことは，$(i+j) \bmod (p^n-1)$ という計算を行うことで十分である．その一方で，加法の計算は煩雑になる．

例 7.15 体 $\mathbb{Z}_2$ の拡大体を考える．多項式環 $\mathbb{Z}_2[x]$ において，x^2+x+1 は既約多項式である．したがって，$\mathbb{Z}_2[x]/(x^2+x+1)$ は位数 4 の $\mathbb{Z}_2$ の拡大体となり，

138　　7　体

GF(2^2) と同型である．$\mathbb{Z}_2[x]/(x^2+x+1)$ の算法は，2つの1次多項式に対して通常の多項式の和，積を行った後で，$\mathbb{Z}_2$ 上で x^2+x+1 を法とした剰余として定義される．

まず，$\mathbb{Z}_2[x]/(x^2+x+1)$ の元を列挙する．$\mathbb{Z}_2[x]$ の元でのうち，$x^2+x+1=0$ であるとみなすと，意味のある多項式は $0,1,x,x+1$ の4個である．これより，$\mathbb{Z}_2[x]/(x^2+x+1)$ の元は，$[0],[1],[x],[x+1]$ となる．ここで $[a]$ は元 a の剰余類とする．

加法，乗法の演算表は，それぞれ次のように与えられる．

+	[0]	[1]	[x]	[x+1]
[0]	[0]	[1]	[x]	[x+1]
[1]	[1]	[0]	[x+1]	[x]
[x]	[x]	[x+1]	[0]	[1]
[x+1]	[x+1]	[x]	[1]	[0]

·	[1]	[x]	[x+1]
[1]	[1]	[x]	[x+1]
[x]	[x]	[x+1]	[1]
[x+1]	[x+1]	[1]	[x]

となる．自明ではないもののみを列挙すると，

$$[x] \cdot [x] = [x^2] = [x+1],$$
$$[x] \cdot [x+1] = [x^2+x] = [1],$$
$$[x+1] \cdot [x+1] = [x^2+1] = [x]$$

である．これより，例えば $[x]$ の逆元は $[x+1]$ であることがわかる．

次に，べき指数表現を用いた積を説明する．$\mathbb{Z}_2[x]/(x^2+x+1)$ では $[x+1]=[x^2]$ であるので，元の集合は，$\{[0],[1],[x],[x^2]\}$ であると考えてもよい．また，$[x^2+x+1]=[0]$ であることより，$[x^3]=[1]$ が成り立つ．べき指数による表現法を用いた場合，

$$[x^i] \cdot [x^j] = [x^{i+j \bmod 3}]$$

となる．例えば，

$$[x] \cdot [x^2] = [x^3] = [1], \quad [x^2] \cdot [x^2] = [x^4] = [x]$$

となる．この表現法を用いた場合，積の計算が簡単になる．　　　　　　　　$\triangleleft$

例 7.16　もととなる体として $\mathbb{Z}_3$ を考える．$\mathbb{Z}_3$ 上の既約多項式 $f(x)=x^2+x+2$ を考える．このとき，$\mathbb{Z}_3[x]/(f(x))$ は，位数 $3^2=9$ の体となる．$+$ と $\cdot$ に関する

演算表は次で与えられる．ただし，簡単のため括弧 [] は省略した．例えば，[1] は
1 で記載している．

+	0	1	2	x	$x+1$	$x+2$	$2x$	$2x+1$	$2x+2$
0	0	1	2	x	$x+1$	$x+2$	$2x$	$2x+1$	$2x+2$
1	1	2	0	$x+1$	$x+2$	x	$2x+1$	$2x+2$	$2x$
2	2	0	1	$x+2$	x	$x+1$	$2x+2$	$2x$	$2x+1$
x	x	$x+1$	$x+2$	$2x$	$2x+1$	$2x+2$	0	1	2
$x+1$	$x+1$	$x+2$	x	$2x+1$	$2x+2$	$2x$	1	2	0
$x+2$	$x+2$	x	$x+1$	$2x+2$	$2x$	$2x+1$	2	0	1
$2x$	$2x$	$2x+1$	$2x+2$	0	1	2	x	$x+1$	$x+2$
$2x+1$	$2x+1$	$2x+2$	$2x$	1	2	0	$x+1$	$x+2$	x
$2x+2$	$2x+2$	$2x$	$2x+1$	2	0	1	$x+2$	x	$x+1$

$\cdot$	1	2	x	$x+1$	$x+2$	$2x$	$2x+1$	$2x+2$
1	1	2	x	$x+1$	$x+2$	$2x$	$2x+1$	$2x+2$
2	2	1	$2x$	$2x+2$	$2x+1$	x	$x+2$	$x+1$
x	x	$2x$	$2x+1$	1	$x+1$	$x+2$	$2x+2$	$x+2$
$x+1$	$x+1$	$2x+2$	1	$x+2$	$2x$	2	x	$2x+1$
$x+2$	$x+2$	$2x+1$	$x+1$	$2x$	2	$2x+2$	1	x
$2x$	$2x$	x	$x+2$	2	$2x+2$	$2x+1$	$x+1$	1
$2x+1$	$2x+1$	$x+2$	$2x+2$	x	1	$x+1$	2	$2x$
$2x+2$	$2x+2$	$x+1$	$x+2$	$2x+1$	x	1	$2x$	$x+2$

$g(x) = x$ を考える．このとき，

$$x^{3^2-1} \bmod f(x) = x^8 \bmod f(x) = 1$$

であり，$1 \leq i \leq 7$ に対して $x^i \bmod f(x) \neq 1$ となる．

次数 2 以下の多項式と x^i との対応は，以下で与えられる．

1	2	x	$x+1$	$x+2$	$2x$	$2x+1$	$2x+2$
x^0	x^4	x^1	x^7	x^6	x^5	x^2	x^3

例えば，$2x+1$ と $x+2$ の積は，次のように計算される．べき指数表現を用い
ると，

$$(2x+1) \cdot (x+2) = x^2 \cdot x^6 = x^8 = x^0 = 1$$

というように計算される．実際に計算する部分は，$2+6 \bmod 8 = 0$ であることに
注意されたい．多項式表現により計算すると，

$$(2x+1) \cdot (x+2) = 2x^2 + 5x + 2 = 2x^2 + 2x + 2 = 1$$

となり，確かに等しい．この場合は，$x^2 + x + 2$ での剰余計算が必要である．より具体的には，$x^2 = -x - 2 = 2x + 1$ であることを利用して，$2x^2 + 2x + 2 = 2(2x + 1) + 2x + 2 = 6x + 4 = 1$ などと計算をする． ◁

8 多変数多項式

4章では1変数多項式に関して議論を行ったが，この章では，多変数多項式を取り上げる．多変数多項式に対する終結式を導入し，最後にGröbner（グレブナー）基底を導入する．

8.1 多変数多項式の準備

この章では，代数系として単位的可換環のみを考えることにする．

定義 8.1 変数の集合 $x_1, \ldots, x_m$ に対して，積

$$x_1^{n_1} x_2^{n_2} \cdots x_m^{n_m} \quad (n_1, \ldots, n_m \text{は非負整数})$$

を $x_1, \ldots, x_m$ の**単項式**とよぶ．

R を環とする．単項式に R の元を係数としてつけたものを項とよぶ．変数 $x_1, x_2, \ldots, x_m$ の R に係数をもつ多項式は，項の有限和で定義される．より詳細には次のように定義される．

定義 8.2 環 R に対して，有限和

$$\sum a_{n_1, \ldots, n_m} x_1^{n_1} \cdots x_m^{n_m} \quad (n_1, \ldots, n_m \text{は非負整数}, a_{n_1, \ldots, n_m} \in R)$$

の形に表されるものを，$x_1, \ldots, x_m$ の R に係数をもつ m **変数多項式**という．

係数 $a_{n_1, \ldots, n_m}$ が 0 でない単項式 $x_1^{n_1} \cdots x_m^{n_m}$ に対応する $n_1 + \cdots + n_m$ の最大値を，その多項式の**次数**とよぶことにする．

例 8.1 $x + 5, x^3 + xy^2 + y + 1, x^{100} + y$ は多項式であり，次数は順に $1, 3, 100$ である．$\dfrac{1}{x}, \dfrac{x^5 + y^2}{x + y^3}$ は多項式ではない． ◁

この形で表現できる多項式の全体は，自然に導入される加法と乗法に関して可換環をなす．この環を m 変数 $x_1, \ldots, x_m$ の R 上の**多項式環**という．また，この

– 141 –

環を $R[x_1, x_2, \ldots, x_m]$ と書く．変数の集合を $X = \{x_1, x_2, \ldots, x_m\}$ とし，簡単のため $R[X]$ と書くこともある．環 $R[x_1, \ldots, x_m]$ の積の単位元は，R の単位元 1 である．

注意 8.1 任意の m に対して，

$$R[x_1, \ldots, x_{m-1}, x_m] = R[x_1, \ldots, x_{m-1}][x_m]$$

が成り立つ．これは，変数 $x_1, x_2, \ldots, x_m$ の m 変数多項式は，係数に変数 $x_1, \ldots,$ x_{m-1} を含む x_m に関する 1 変数多項式とみなせることを示している． ◁

注意 8.2 R を整域とすると，R 上の多項式環 $R[x_1, \ldots, x_m]$ も整域である． ◁

注意 8.3 K を体とする．例 6.7 で述べたように，体 K 上の 1 変数多項式環 $K[x]$ は Euclid 整域である．よって，$K[x]$ は単項イデアル整域である．しかし，一般の 2 以上の m に対して，$K[x_1, \ldots, x_m]$ は単項イデアル整域にはならない． ◁

注意 8.4 体 K 上の多項式環 $K[x_1, \ldots, x_m]$ の商体を K 上の変数 $x_1, \ldots, x_m$ の**有理関数体**といい，$K(x_1, \ldots, x_m)$ と記述する．整数から有理数を構成したように，多項式環から有理式体を構成することが可能である．$K[x_1, \ldots, x_m]^2$ に対して，同値関係を導入することにより，体を構成することができる．

整域 R 上の多項式環 $R[x_1, \ldots, x_m]$ の既約元を**既約多項式**という．また，$R[x_1, \ldots, x_m]$ の単元の全体は R の単元全体である． ◁

8.2 多変数多項式の終結式

4.4 節では，1 変数多項式に対する終結式を定義し，その特徴を見た．ここでは，一般の多変数多項式に対する終結式を見る．

まず，2 つの 2 変数多項式に対する終結式を考える．体 K 上の 2 変数多項式 $f(x, y), g(x, y) \in K[x, y]$ を考える．注意 8.1 で述べたように，$K[x, y]$ を変数 x を含む係数をもつ y の多項式の集合（つまり，$K[x][y]$）とみなす．y に関する次数をそれぞれ m, n であるとして，1 変数のときと同様に，

$$\begin{cases} f(x, y) = f_m(x)y^m + f_{m-1}(x)y^{m-1} + \cdots + f_1(x)y + f_0(x), \\ g(x, y) = g_n(x)y^n + g_{n-1}(x)y^{n-1} + \cdots + g_1(x)y + g_0(x) \end{cases}$$

と書くことにする. ここで, $f_m(x), \ldots, f_0(x), g_n(x), \ldots, g_0(x) \in K[x]$ である. また, $f_m(x), g_n(x)$ は零多項式ではないとする. このとき, $f(x,y), g(x,y)$ に関して次のような $m+n$ 次正方行列を考える.

$$
\begin{pmatrix}
f_m(x) & f_{m-1}(x) & \cdots & f_0(x) & & & \\
& f_m(x) & f_{m-1}(x) & \cdots & f_0(x) & & \\
& & \ddots & \ddots & & & \ddots \\
& & & f_m(x) & f_{m-1}(x) & \cdots & f_0(x) \\
g_n(x) & g_{n-1}(x) & \cdots & g_0(x) & & & \\
& g_n(x) & g_{n-1}(x) & \cdots & g_0(x) & & \\
& & \ddots & \ddots & & & \ddots \\
& & & g_n(x) & g_{n-1}(x) & \cdots & g_0(x)
\end{pmatrix}
$$

この行列の行列式を $f(x,y), g(x,y)$ の y に関する**終結式**とよび, $\mathrm{Res}_y(f,g)$ と書く. $\mathrm{Res}_y(f,g)$ は x を変数とする多項式となる.

$\mathrm{Res}_y(f,g)$ が零多項式ではない場合を考える. $\mathrm{Res}_y(f,g)$ は x に関する 1 変数多項式であることに注意すると, 連立方程式 $f(x,y) = g(x,y) = 0$ の解の x 成分は, $\mathrm{Res}_y(f,g) = 0$ の解である. そのため, 連立方程式 $f(x,y) = g(x,y) = 0$ の解を求める際には, 以下の手順に従い計算を行えばよい.

(1) $f(x,y), g(x,y)$ の y に関する終結式 $\mathrm{Res}_y(f,g)$ を計算する.
(2) 方程式 $\mathrm{Res}_y(f,g) = 0$ の解 $\bar{x}$ をすべて求める.
(3) 求めた $\bar{x}$ の値を $f(x,y), g(x,y)$ に代入することにより, y だけの 1 変数多項式 $\bar{f}(y)$ を求める.
(4) 1 変数方程式 $\bar{f}(y) = 0$ の解を求める.

例 8.2

$$
\begin{cases}
f(x,y) = xy + x^2 - 2 \\
g(x,y) = y^2 + x^2 y + 3
\end{cases}
$$

を考え, $f(x,y) = g(x,y) = 0$ となる $(x,y) \in \mathbb{R}^2$ を求める.

$$
\mathrm{Res}_y(f,g) = \det \begin{pmatrix}
x & x^2 - 2 & 0 \\
0 & x & x^2 - 2 \\
1 & x^2 & 3
\end{pmatrix} = -x^5 + x^4 + 2x^3 - x^2 + 4
$$

144   8 多変数多項式

となる. x に関する 1 変数方程式 $-x^5 + x^4 + 2x^3 - x^2 + 4 = 0$ を実数の範囲で解くことにより, $x = 2$ を得る (これ以外の 4 つの解は複素数である). $x = 2$ を $f(x, y) = 0, g(x, y) = 0$ に代入することにより, $y = -1$ を得る. これより, 解 $(x, y) = (2, -1)$ を得る.   ◁

より一般に, n 個の n 変数多項式 $f_1(x_1, \ldots, x_n), \ldots, f_n(x_1, \ldots, x_n)$ に対して, 連立方程式

$$
\begin{cases}
f_1(x_1, \ldots, x_n) & = 0 \\
\qquad\qquad \vdots \\
f_n(x_1, \ldots, x_n) & = 0
\end{cases}
$$

を考える. 2 変数の場合と同様に, 多項式環 $K[x_1, \ldots, x_n]$ を, $K[x_1, \ldots, x_{n-1}][x_n]$ と考えることにする. これは n 個の多項式を, それぞれ $K[x_1, \ldots, x_{n-1}]$ の元を係数としてもつ x_n に関する一変数多項式であるとみなすことに相当する. このように考えた上で, f_1 と f_n の x_n に関する終結式, $\ldots$, f_{n-1} と f_n の x_n に関する終結式を計算することにより, $n-1$ 個の $n-1$ 変数多項式を得る. ここで, 変数 x_n は新しくつくられた多項式の中には現れず, 消去されていることに注意されたい. 同様に, $K[x_1, \ldots, x_{n-1}]$ を $K[x_1, \ldots, x_{n-2}][x_{n-1}]$ とみなし, 終結式を計算するなどを行い, $n-2$ 個の $n-2$ 変数多項式を得る. この計算を繰り返すことにより, 最終的に 1 変数多項式を求める. 1 変数方程式の解を求め, 解を代入することにより, 最終的に連立方程式の解を (存在すれば) 求めることが可能である.

8.3 Gröbner 基 底

この節では, 多変数多項式とイデアルの関係を考えることにする. 多変数多項式の場合を説明する前に, 1 変数多項式とイデアルに関する次の問題を考えることにする.

体 K 上の 1 変数多項式 $f(x)$ と $K[x]$ のイデアル I が与えられたときに, $f(x) \in I$ であるかを判定せよ.

この問題は, 4.3 節で説明を行った剰余を求めるアルゴリズムを用いることにより解くことができる. 例 6.7 で述べたように, $K[x]$ は単項イデアル環であるの

で，多項式 $K[x]$ のすべてのイデアルは単項イデアルである．そのため，$K[x]$ のイデアル I は，ある多項式 $g(x) \in K[x]$ を用いて，$I = (g)$ と表現することができる．これより，$f \in K[x]$ に対して，$f \in I$ となる必要十分条件は，f の g による剰余が 0 となることである．

例 8.3 $K = \mathbb{R}$ とする．$K[x]$ のイデアルとして，$I = (x^2 + x + 2)$ を考える．多項式 $f(x) \in K[x]$ が与えられたときに，$f(x) \in (x^2 + x + 2)$ であるかを考える．明らかに，多項式 $f(x)$ が $x^2 + x + 2$ の倍多項式であるとき，かつ，そのときにのみ $f(x) \in (x^2 + x + 2)$ となる．$f(x)$ が $x^2 + x + 2$ の倍多項式であるかの判定は，$f(x)$ の $x^2 + x + 2$ による剰余を計算し，0 であるかを判定すればよい．

例えば $f(x) = 3x^3 + 4x - 2$ である場合には，$x^2 + x + 2$ による剰余は $x + 4$ となり，$3x^3 + 4x - 2 \notin (x^2 + x + 2)$ である．一方，$f(x) = x^3 + x - 2$ である場合には，$x^2 + x + 2$ による剰余は 0 となり，$x^3 + x - 2 \in (x^2 + x + 2)$ となる． ◁

2 変数以上の多項式環においても，同様の問題を考える．つまり，体 K 上の 2 変数多項式 $f(x, y)$ と $K[x, y]$ のイデアル I が与えられたときに，$f(x, y) \in I$ であるかを判定する問題を考える．この問題は 1 変数多項式の場合と異なり，単純な方法で解くことはできない．1 変数多項式での議論において，1 変数多項式環は単項イデアル環であることを本質的に用いている．2 変数以上の多項式環は，単項イデアル環とは限らないため，単一の多項式ではなく複数の多項式による剰余を考える必要があるなど，単純な議論では不十分であり，より詳細な議論が必要である．

8.3.1 単項式の順序

4.3 節で述べた 1 変数多項式の剰余計算においては，割られる多項式の中で最大次数をもつ単項式を，割る多項式の中で最大次数をもつ単項式で割る操作を行っている．多変数多項式に関しては，「最大次数」は自然に定まるわけではない．例えば，$x^2 y^4$ と $x^3 y^2$ のどちらが大きい次数をもつかは，定義によって変わりうる（例 8.3 を参照のこと）．まず，単項式の順序関係を導入する．体 K 上の多変数多項式環 $K[x_1, \ldots, x_n]$ を考える．単項式全体の集合 $\{x_1^{i_1} \cdots x_n^{i_n}\}$ に順序をつけて，一列に並べることにより全順序を導入する．2 つの単項式

$$x_1^{i_1} \cdots x_n^{i_n}, \quad x_1^{j_1} \cdots x_n^{j_n}$$

146   8 多変数多項式

に対する順序として，以下の3種類の順序がよく用いられる．ただし，$x_1 \succ x_2 \succ \cdots \succ x_n$ としている．

(a) 辞書式順序 ある k が存在して，$i_1 = j_1, \ldots, i_{k-1} = j_{k-1}, i_k > j_k$ が成り立つとき，$x_1^{i_1} \cdots x_n^{i_n} \succ x_1^{j_1} \cdots x_n^{j_n}$ と定義する．

(b) 次数つき辞書式順序 次の条件のいずれかを満たすとき，$x_1^{i_1} \cdots x_n^{i_n} \succ x_1^{j_1} \cdots x_n^{j_n}$ と定義する．

- $i_1 + \cdots + i_n > j_1 + \cdots + j_n$
- $i_1 + \cdots + i_n = j_1 + \cdots + j_n$ であり，ある $k < n$ が存在して，$i_1 = j_1, \cdots, i_{k-1} = j_{k-1}, i_k > j_k$ が成り立つ

(c) 次数つき逆辞書式順序 次の条件のいずれかを満たすとき，$x_1^{i_1} \cdots x_n^{i_n} \succ x_1^{j_1} \cdots x_n^{j_n}$ と定義する．

- $i_1 + \cdots + i_n > j_1 + \cdots + j_n$
- $i_1 + \cdots + i_n = j_1 + \cdots + j_n$ であり，ある $k < n$ が存在して，$i_n = j_n, \cdots, i_{k+1} = j_{k+1}, i_k < j_k$ が成り立つ

2つの単項式 s, t が，$s \succ t$ のとき，$t \prec s$ と書くことにする．また，s, t が，$s \succ t$ もしくは，$s = t$ のとき，$s \succeq t$ と書くことにする．$\preceq$ も同様に定義する．

例 8.4 1変数の場合では，どの順序を用いても，

$$1 \prec x \prec x^2 \prec \cdots$$

となる．より正確には，$i < j$ であるならば，$x^i \prec x^j$ で定義される．   ◁

例 8.5 $x \succ y$ のもとで単項式 $x^2 y^4, x^3 y^2$ の順序を考える．辞書式順序では $x^3 y^2 \succ x^2 y^4$ であり，次数つき辞書式順序，次数つき逆辞書式順序では，$x^2 y^4 \succ x^3 y^2$ である．このように，どの順序の定義を用いるかにより順序は異なる．

次に，$x \succ y \succ z$ のもとで単項式 $x^2 y^2 z^2, x^3 z^3$ の順序を考える．次数つき辞書式順序では $x^3 z^3 \succ x^2 y^2 z^2$ であるが，次数つき逆辞書式順序では $x^2 y^2 z^2 \succ x^3 z^3$ である．この場合も，用いる順序の定義により順序は変わる．   ◁

これらの順序は，次の望ましい性質をもっている．

8.3 Gröbner 基底　　147

(1) $x_1^{i_1} \cdots x_n^{i_n} \succ x_1^{j_1} \cdots x_n^{j_n}$ ならば，任意の $x_1^{k_1} \cdots x_n^{k_n}$ との積について，

$$(x_1^{i_1} \cdots x_n^{i_n})(x_1^{k_1} \cdots x_n^{k_n}) \succ (x_1^{j_1} \cdots x_n^{j_n})(x_1^{k_1} \cdots x_n^{k_n})$$

が成り立つ．

(2) 最小の項は 1 である．なお，1 は，$i_1 = i_2 = \cdots = i_n = 0$ のときに対応をしていることに注意されたい．すなわち，任意の元 $x_1^{i_1} \cdots x_n^{i_n}$ に対して，$x_1^{i_1} \cdots x_n^{i_n} \succeq 1$ である．

(3) 無限に降下する単項式の列は存在しない．

この性質をもつ順序は，**項順序**とよばれる．

例 8.6 1 変数多項式の順序を考える．この順序は項順序になっている．つまり，$x^i \prec x^j$ のとき，任意の k に対して $x^i x^k = x^{i+k} \prec x^j x^k = x^{j+k}$ であり，最小の単項は $1(=x^0)$ である．　　◁

次に，単項式の集合に対する順序を定義する．有限個の単項式の集合 $\{t_1, \ldots, t_l\}$ と $\{s_1, \ldots, s_m\}$ に対して，以下のいずれかの条件を満たすとき，$\{t_1, \ldots, t_l\} \succ \{s_1, \ldots, s_m\}$ であると定義する．ここで，$t_1 \succ t_2 \succ \cdots \succ t_l$ であり，$s_1 \succ s_2 \succ \cdots \succ s_m$ であるとする．

(1) ある k が存在して，$t_1 = s_1, \ldots, t_{k-1} = s_{k-1}, t_k \succ s_k$ となる，

(2) $l > m$ で，$t_1 = s_1, \ldots, t_m = s_m$ となる．

便宜上，$\{1\} \succ \emptyset$ であると定義する．

単項式の集合に対して順序を導入したことにより，多項式に関して順序を考えることができる．

定義 8.3 $f \in K[x_1, \ldots, x_n]$ に含まれる単項式全体の集合を $M(f)$ と書く．

例えば，f が $f = \sum a_{i_1 \ldots i_n} x_1^{i_1} \cdots x_n^{i_n}$ で書き表すことができるとき，$M(f) = \{x_1^{i_1} \cdots x_n^{i_n} \mid a_{i_1 \ldots i_n} \neq 0\}$ である．

例 8.7 $f(x, y) = x^3 y^2 + 3x^2 y^3 + x^2 + 5$ とすると，$M(f) = \{x^3 y^2, x^2 y^3, x^2, 1\}$ となる．　　◁

定義 8.4 2 つの多項式 f, g に対して，$M(f) \succ M(g)$ のとき，$f \succ g$ と定める．

148   8 多変数多項式

定理 8.1 多項式の無限列 $\{f_i\}$ で, $M(f_i)$ が無限に降下するものは存在しない.

8.3.2 多変数多項式の剰余

以上の準備をもとに, 多変数多項式に対する剰余を導入する. 多項式 f の項の中で最大順序をもつ項を $\mathrm{LT}(f)$, その係数部分を $\mathrm{LC}(f)$, 単項式部分を $\mathrm{LM}(f)$ で表す. このとき, $\mathrm{LT}(f) = \mathrm{LC}(f)\mathrm{LM}(f)$ である. 多項式 $f, g \in K[x_1, \ldots, x_n]$ (ただし, $g \neq 0$) を考える. f に $\mathrm{LM}(g)$ で割り切れる項 h があるとき,

$$f^* = f - \frac{h}{\mathrm{LT}(g)}g$$

という操作を定義し, この操作を f の g による**簡約化**とよぶことにする. このとき, $M(f^*) \prec M(f)$ が成り立つ.

多項式の集合 $\{g_1, g_2, \ldots, g_m\}$ に対して,

$$(g_1, g_2, \ldots, g_m) = \{q_1 g_1 + q_2 g_2 + \cdots + q_m g_m \mid q_1, q_2, \ldots, q_m \in K[x_1, x_2 \ldots, x_n]$$

とおくと, $(g_1, g_2, \ldots, g_m)$ はイデアルである. これを, $g_1, g_2, \ldots, g_m$ が生成するとイデアルとよび, $g_1, g_2, \ldots, g_m$ を基底とよぶ.

多変数多項式環の場合には, イデアルは単項イデアルとは限らないので, 有限個の多項式 $g_1, \ldots, g_s$ による簡約化を同時に考えることにする. 多項式の集合を $G = \{g_1, \ldots, g_s\}$ とおき, G による簡約化を, G の元のいずれかの g_i による簡約化と定義する.

G による簡約化を有限回繰り返し, 最終的にこれ以上簡約不能な多項式 r になったとする. これを,

$$f \overset{G}{\mapsto} r$$

と記述することにする. G が文脈から明らかであるときには, G を省略し, 単に

$$f \mapsto r$$

と書くことにする.

定理 8.2 K を体とする. $K[x_1, \cdots, x_n]$ の多項式 f, 多項式の集合 $G = \{g_1, \ldots, g_s\}$ をとる. また, $\preceq$ を $K[x_1, \ldots, x_n]$ の項順序とする. このとき, 多項式 $q_1, \ldots, q_s, r \in$

$K[x_1, \ldots, x_n]$ が存在し，

$$f = q_1 g_1 + q_2 g_2 + \cdots + q_s g_s + r \tag{8.1}$$

と表され，次の 2 つの条件が満たされる．

(1) $r = 0$，もしくは，r のどの項も $\mathrm{LM}(g_i)$ で割り切れない．

(2) すべての i について，$\mathrm{LM}(q_i g_i) \preceq \mathrm{LM}(f)$ である．

例 8.8 $f = x^3 y + xy, G = \{x^3 - x^2 y^2, xy - y^2\}$ とする．$x \succ y$ として，順序を辞書式順序とする．これから示す例では，簡約化を行う多項式の順序により，結果が異なることを確認する．まず，$x^3 - x^2 y^2$ により簡約化を行ったとする．

$$\begin{aligned} f^* &= x^3 y + xy - (x^3 y / x^3)(x^3 - x^2 y^2) \\ &= x^3 y + xy - y(x^3 - x^2 y^2) = x^2 y^3 + xy \end{aligned}$$

となる．次に，$x^2 y^3 + xy$ を $xy - y^2$ で簡約化を行う．

$$\begin{aligned} f^* &= x^2 y^3 + xy - (x^2 y^3 / xy)(xy - y^2) \\ &= x^2 y^3 + xy - xy^2(xy - y^2) = xy^4 + xy \end{aligned}$$

となる．もう一度，$xy - y^2$ で簡約化を行う．

$$\begin{aligned} f^* &= xy^4 + xy - (xy^4 / xy)(xy - y^2) \\ &= xy^4 + xy - y^3(xy - y^2) = xy + y^5 \end{aligned}$$

となる．もう一度，$xy - y^2$ で簡約化を行う．

$$\begin{aligned} f^* &= xy + y^5 - (xy / xy)(xy - y^2) \\ &= xy + y^5 - (xy - y^2) = y^5 + y^2 \end{aligned}$$

となる．この場合，これ以上，簡約化はできない．すなわち，$f \xrightarrow{G} y^5 + y^2$ である．式 (8.1) のように f を G の元を用いて表現すると，

$$f = y(x^3 - x^2 y^2) + (xy^2 + y^3 + 1)(xy - y^2) + y^5 + y^2$$

となる．これは，定理 8.2 で示した 2 つの条件を満たしている．

150　　8　多変数多項式

次に，異なる順番で簡約化を行った場合の例を示す．まず，$xy - y^2$ での簡約化を先に行う．

$$f^* = x^3 y + xy - (x^3 y/xy)(xy - y^2)$$
$$= x^3 y + xy - x^2(xy - y^2) = x^2 y^2 + xy$$

となる．同様の計算を繰り返すことにより，

$$f = (x^2 + xy + y^2 + 1)(xy - y^2) + y^4 + y^2$$

を得る．これより，$f \mapsto y^4 + y^2$ である．これも定理 8.2 で示した 2 つの条件を満たす．簡約化の順序により，割り算の結果が異なっていることが見て取れる．

この 2 つの剰余の関係を見る．この 2 つの剰余 $y^5 + y^2$ と $y^4 + y^2$ の差 $y^5 - y^4$ を考えてみる．

$$y^5 - y^4 = -y(x^3 - x^2 y^2) + (x^2 - xy^2 + xy - y^3 + y^2)(xy - y^2)$$

が成り立つため，2 つの剰余の差 $y^5 - y^4$ は，イデアル $(x^3 - x^2 y^2, xy - y^2)$ の元となっており，G による簡約化の結果は 0 となる．　　　　　　　　　　　▷

例 8.8 では，簡約化の順番により最終的な剰余の結果が異なることを見た．ここでは，G がどのような条件をもつときに，簡約化の順序によらず剰余 r が一意に定まるかを考える．詳細な条件を示す前に，2 つの補題を示す．

補題 8.1 $f - g \mapsto 0$ という簡約化が可能ならば，$f \mapsto r$ かつ $g \mapsto r$ となる多項式 r が存在する．

補題 8.2 $f \mapsto 0$ と簡約化が可能ならば，f と単項式 t との積について，$tf \mapsto 0$ とできる．

多項式の集合 $G = \{g_1, g_2, \ldots, g_m\}$ に対して，G により生成されるイデアル $(g_1, g_2, \ldots, g_m)$ を考える．このとき，次の定理が成り立つ．

定理 8.3 次の 2 つは等価である．

(1) G による剰余は一意に定まる．
(2) 任意の $f \in (g_1, g_2, \ldots, g_m)$ に対して，$f \mapsto 0$ となる．

この定理の等価な条件が満たされるとき，$G = \{g_1, \ldots, g_m\}$ はイデアル $(g_1, g_2, \ldots, g_m)$ の **Gröbner 基底**であるという．

次で定義される **S 多項式**によって，Gröbner 基底の特徴づけを与えることができる．

定義 8.5 多項式 $f, g \in K[x_1, \ldots, x_n]$ に対して，S 多項式 $S(f, g)$ は，

$$S(f, g) = \mathrm{lcm}(\mathrm{LM}(f), \mathrm{LM}(g)) \left(\frac{f}{\mathrm{LT}(f)} - \frac{g}{\mathrm{LT}(g)} \right)$$

で定義される．

注意 8.5 任意の単項式 s, t に対して，$S(s, t) = 0$ である． $\lhd$

定理 8.4 次の 2 つは等価である．

(1) $G = \{g_1, \ldots, g_m\}$ は Gröbner 基底である．
(2) 異なる i, j に対して，$S(g_i, g_j) \mapsto 0$ となる．

定理 8.3, 8.4 をまとめると，以下はすべて等価であることがわかる．

(1) $G = \{g_1, \ldots, g_m\}$ は Gröbner 基底である．
(2) 異なる i, j に対して，$S(g_i, g_j) \mapsto 0$ となる．
(3) 任意の $f \in (g_1, g_2, \ldots, g_m)$ に対して，$f \mapsto 0$ が成立する．
(4) G による剰余は一意に定まる．

与えられたイデアルに対する Gröbner 基底の存在性は，次の定理により保証される．

定理 8.5 $K[x_1, \ldots, x_n]$ の任意のイデアルには Gröbner 基底が存在する．また，与えられた基底を Gröbner 基底に変換するアルゴリズムが存在する．

$G = \{g_1, \ldots, g_m\}$ に対して，

$$\mathrm{LT}(G) = \{\mathrm{LT}(g_1), \ldots, \mathrm{LT}(g_m)\}$$

とおく．また，$I \subseteq K[x_1, \ldots, x_n]$ に対して $\{\mathrm{LT}(G) \mid G \in I\}$ で生成されたイデアルを $(\mathrm{LT}(I))$ とする．このとき，以下の定理が成立する．

定理 8.6 I を $K[x_1, \ldots, x_n]$ のイデアルとする．このとき，次は等価である．

(1) $G = \{g_1, \ldots, g_s\}$ は，I の Gröbner 基底である．
(2) $\big(\mathrm{LT}(I)\big) = \big(\mathrm{LT}(g_1), \mathrm{LT}(g_2), \ldots, \mathrm{LT}(g_s)\big)$ である．

イデアル I の Gröbner 基底は，必ずしも一意的に定まるわけではない．しかし，以下に示す被約 Gröbner 基底を考えると一意に定まる．

定義 8.6 Gröbner 基底 $G = \{g_1, \ldots, g_s\}$ は次の条件を満たしているとき，**被約 Gröbner 基底**とよばれる．

(1) 各 i について，$\mathrm{LC}(g_i) = 1$.
(2) 各 g_i の各項が，イデアル $\big(\mathrm{LT}(g_1), \ldots, \mathrm{LT}(g_{i-1}), \mathrm{LT}(g_{i+1}), \ldots, \mathrm{LT}(g_s)\big)$ に含まれない．

定理 8.7 被約 Gröbner 基底は，一意に定まる．

8.3.3 Gröbner 基底の応用

Gröbner 基底の応用は，以下のものが代表的である．K を体として，$f_1, \ldots, f_m \in K[x_1, \ldots, x_n]$ をとる．方程式系 $f_1 = f_2 = \cdots = f_m = 0$ の解空間を，$V(f_1, \ldots, f_m)$ とする．このとき，次の定理にもとづくと，Gröbner 基底を用いることにより，解が存在するか否かの判定を行うことができる．

定理 8.8 K を代数的閉体とする．G を，イデアル $I \subset K[x_1, \ldots, x_n]$ の Gröbner 基底とする．このとき，$V(I) \neq \emptyset$ であれば，G に定数を元として含まない．逆に，G が定数を含まなければ，$V(I) \neq \emptyset$ である．

解が存在するかを調べたい方程式 $f_1 = f_2 = \cdots = f_m = 0$ に対して，$I = (f_1, \ldots, f_m)$ の Gröbner 基底 G を求める．このとき，$V(f_1, \ldots, f_m) \neq \emptyset$ であるならば，G に定数を元として含まない．逆に，G に定数を含まなければ，$V(f_1, \ldots, f_m) \neq \emptyset$ である．

イデアル $I \subset K[x_1, \ldots, x_n]$ に対して，$I_k = I \cap K[x_{k+1}, \ldots, x_n]$ とおく．単項式の順序を辞書式順序 $(x_1 \succ x_2 \succ \cdots \succ x_n)$ とする．このとき，G が I の Gröbner 基底であれば，$G \cap K[x_{k+1}, \ldots, x_n]$ は I_k の Gröbner 基底である．

8.3 Gröbner 基底　　153

例 8.9 Gröbner 基底を利用して，複素平面曲線 $\mathbb{C}$ の特異点を求める．

$$f(x,y) = (1 + x^4 + y^4)^2 - 4(x^4 y^4 + x^4 + y^4)$$

とする．複素平面曲線 $f = 0$ の特異点は，

$$\begin{cases} f = (1 + x^4 + y^4)^2 - 4(x^4 y^4 + x^4 + y^4) = 0, \\ \frac{\partial f}{\partial x} \equiv f_x = 8(1 + x^4 + y^4)x^3 - 16(x^3 y^4 + x^3) = 0, \\ \frac{\partial f}{\partial y} \equiv f_y = 8(1 + x^4 + y^4)y^3 - 16(x^4 y^3 + y^3) = 0 \end{cases}$$

の解である．(f, f_x, f_y) の $x \succ y$ とした辞書式順序のもとでの Gröbner 基底は，

$$G = \left\{ y^7 - y^3, x^3 y^3, x^4 + y^4 - 1 \right\}$$

で与えられる．ここで，$G \cap \mathbb{C}[y] = \left\{ y^7 - y^3 \right\}$ である．$y^7 - y^3 = 0$ の解を $\mathbb{C}$ の中ですべて求めると，$y = 0, \pm 1, \pm i$ となる．$y = 0$ のとき，$x^4 = 1$ であるので，解は 4 個あり，$x = \pm 1, \pm i$ である．一方，$y = \pm 1, \pm i$ のとき，$x^3 y^3 = 0$ であるので，$x = 0$ のみが解となる．よって，$f = 0, f_x = 0, f_y = 0$ の解は，$(x, y) = (0, \pm 1), (0, \pm i), (\pm 1, 0), (\pm i, 0)$ で与えられる． ◁

参　考　文　献

[全般]
[1] 伊理正夫，藤重悟：応用代数，コロナ社，1988.
[2] 上野健爾：代数入門，岩波書店，2004.
[3] 金子晃：応用代数講義，サイエンス社，2006.
[4] 杉原厚吉，今井敏行：工学のための応用代数，共立出版，1999.
[5] 高木貞治：代数学講義，共立出版，1965.
[6] 永田雅宜：可換体論（新版），裳華房，1985.
[7] 中島匠一：代数と数論の基礎，共立出版，2000.
[8] ファン・デル・ヴェルデン（銀林浩 訳）：現代代数学 1, 2, 3，東京図書，1960
[9] 松坂和夫：代数系入門，岩波書店，1976.
[10] 室田一雄，杉原正顯：線形代数 I，丸善出版，2015.
[11] 室田一雄，杉原正顯：線形代数 II，丸善出版，2013.
[12] 森田康夫：代数概論，裳華房，1987.
[13] 彌永昌吉，彌永健一：代数学，岩波書店，1976.
[14] S. Lang: *Algebra*, Springer, 2002.

[第 1 章]
[15] 彌永昌吉，小平邦彦：現代数学概説 I，岩波書店，1961.
[16] 桂利行：代数学 II 環上の加群，東京大学出版会，2007.

[第 3 章]
[17] 近藤庄一：初等的数論の代数—ホモモーフィズムに学ぶ，サイエンティスト社，1996.
[18] 高木貞治：初等整数論講義 第 2 版，共立出版，1971.
[19] P. Ribenboim: *The Little Book of Big Primes*, Springer, 1991 [P. Ribenboim（吾郷孝視 訳）：素数の世界，共立出版，2001]

[第 5 章]
[20] 永田雅宜：群論への招待，現代数学社，2007.
[21] 原田耕一郎：群の発見，岩波書店，2001.
[22] 志賀浩二：群論への 30 講，朝倉書店，1989.
[23] 浅野啓三，永尾汎：群論，岩波書店，1965.
[24] 桂利行：代数学 I，群と環，東京大学出版会，2004.
[25] 寺田至，原田耕一郎：群論，岩波書店，2006.

156   参 考 文 献

[26] 犬井鉄郎，田辺行人，小野寺嘉孝：応用群論——群表現と物理学——，裳華房，1986.

[第 6 章–7 章]

[27] 成田正雄：復刊 イデアル論入門，共立出版，2009.

[28] 桂利行：代数学 III，体とガロア理論，東京大学出版会，2005.

[29] 酒井文雄：環と体の理論，共立出版，1997.

[30] 堀田良之：可換環と体，岩波書店，2006.

[第 8 章]

[31] D. A. Cox, J. Little, D. O'Shea: *Using Algebraic Geometry*, Springer, 2005 [D. コックス，J. リトル，D. オシー（大杉英史，北村知徳，日比孝之 訳）：グレブナー基底 1, 2，丸善出版，2012].

[32] 野呂正行，横山和弘：グレブナー基底の計算 基礎編，東京大学出版会，2003.

[33] 齋藤友克，竹島卓，平野照比古：グレブナー基底の計算 実践編，東京大学出版会，2003.

[34] JST CREST 日比チーム：グレブナー道場，共立出版，2011.

お わ り に

　本書の執筆に際して，多くの方々に手伝っていただいた．草稿の段階から多く
のコメントを下さった室田一雄先生，杉原正顯先生，岩田覚先生，高木剛先生に
感謝いたします．また，研究室の大学院生諸君に感謝します．

2017 年 12 月

國　廣　　昇

索　　引

欧　文

Abel（アーベル）群 (Abelian group)　10
Boole（ブール）束 (Boolean lattice)　34
de Morgan（ド・モルガン）の法則 (de Morgan's law)　4
Eisenstein（アイゼンシュタイン）の定理 (Eisenstein theorem)　60
Euclid（ユークリッド）整域 (Euclidean domain)　117, 119
Euclid（ユークリッド）の互除法 (Euclidean algorithm)　45, 61
Euler（オイラー）の規準 (Euler's criterion)　53
Euler（オイラー）の定理 (Euler's theorem)　52
Euler（オイラー）の ϕ 関数 (Euler's totient function)　51
Fermat（フェルマー）の小定理 (Fermat's theorem)　49
Gauss（ガウス）整数環 (Gauss' integer ring)　117
Gröbner（グレブナー）基底 (Gröbner basis)　151
Hasse（ハッセ）図 (Hasse diagram)　31
Jordan–Hölder（ジョルダン・ヘルダー）の定理 (Jordan–Hölder's theorem)　37
Legendre（ルジャンドル）記号 (Legendre symbol)　53

あ　行

アーベル群　→ Abel 群
RSA 暗号 (RSA cryptosystem)　52
アイゼンシュタインの定理　→ Eisenstein
の定理
位数 (order)　66, 68
一意分解整域 (unique factorization domain)　61, 122, 123
一般線形群 (general linear group)　67
イデアル (ideal)　111, 113, 116
因数定理 (factor theorem)　58
S 多項式 (S-polynomial)　151
演算表 (product table)　66
オイラーの規準　→ Euler の規準
オイラーの定理　→ Euler の定理
オイラーの ϕ 関数　→ Euler の ϕ 関数

か　行

外算法 (action)　5
ガウス整数環　→ Gauss 整数環
可換 (commutative)　7
可換環 (commutative ring)　10, 105
可換群 (commutative group)　10
可逆元 (invertible element)　8, 108
拡大次数 (degree of extension)　128
拡大体 (extension field)　128, 129
下限 (infimum)　30
可補束 (complemented lattice)　34
可約 (reducible)　60
環 (ring)　10, 105
関係 (relation)　25
完全代表系 (complete system of representatives)　81
簡約化 (reduction)　148
奇置換 (odd permutation)　73
既約 (irreducible)　60
既約元 (irreducible element)　121, 122
逆元 (inverse element)　8

– 159 –

160　　索　　引

既約多項式 (irreducible polynomial)　60,
　　135, 142
既約分数 (irreducible fraction)　　17
吸収法則 (absorption law)　　29
極大イデアル (maximal ideal)　　115
虚数単位 (imaginary unit)　　18
空集合 (empty set)　　3
偶置換 (even permutation)　　72
グレブナー基底　→ Gröbner 基底
群 (group)　　10
結合法則 (associative law)　　6
元 (element)　　3
原始多項式 (primitive polynomial)　61
公開鍵暗号方式 (public key cryptosys-
　　tem)　　52
項順序 (term order)　　147
合成数 (composite number)　　40
交代群 (alternating group)　　73
合同 (congruence)　　44
恒等置換 (identity permutation)　　70
公倍元 (公倍数) (common multiple)　16,
　　41, 120, 123
公約元 (公約数) (common divisor)　15,
　　41, 120, 123
互換 (transposition)　　71, 72

さ　行

最高次係数 (leading coefficient)　　55
最小元 (least element)　　29
最小公倍元 (最小公倍数) (least common
　　multiple)　　16, 42, 123
最小多項式 (minimal polynomial)　　131
最大元 (greatest element)　　29
最大公約元 (最大公約数) (greatest com-
　　mon divisor)　　15, 42, 123
差集合 (set difference)　　4
算法 (operation)　　3
　　閉じている (closed)　　5
四元数 (quaternion)　　134
辞書式順序 (lexicographic order)　　146

指数 (index)　　80
次数 (degree)　　55, 131, 141
実数体 (real number field)　　12, 17
実体 (real field)　　132
射影的 (projective)　　36
写像 (map)　　21
斜体 (skew field)　　11, 106, 134
終結式 (resultant)　　63, 143
集合 (set)　　3
主項 (leading term)　　55
巡回群 (cyclic group)　　94
巡回置換 (cyclic permutation)　　71
順序関係 (order relation)　　29
順序体 (ordered field)　　132
準同型写像 (homomorphism)　　23
　　環——　　113
　　自然な——　　84
　　束——　　35
準同型定理 (homomorphism theorem) 88
　　環——　　114
　　群——　　86
商 (quotient)　　39, 57
上限 (supremum)　　30
商構造 (quotient structure)　　28
商集合 (quotient set)　　26
商束 (quotient lattice)　　35
商体 (quotient field)　　61, 109
剰余 (余り) (residue)　　39, 57
剰余環 (residue ring)　　112, 116, 134
剰余群 (residue class group)　　83
剰余定理 (remainder theorem)　　58
剰余類 (residue class, coset)　　79, 113
除法定理 (division theorem)　　14
ジョルダン・ヘルダーの定理　→ Jordan–
　　Hölder の定理
真部分集合 (proper subset)　　3
推移律 (transitive law)　　25
数学的帰納法 (mathematical induction)
　　13
整域 (integral domain)　　11, 108, 115
正規部分群 (normal subgroup)　　33, 81,

93, 113

整数環 (integer ring) →有理整数環

整列性 (well-ordering)　13

生成元 (generator)　94

生成されるイデアル (generated ideal) 118

正則行列 (regular matrix)　67

正則元 (regular element)　100

正多面体群 (polyhedral group)　76

積集合 (intersection)　4

絶対値 (absolute value)　18

線形順序 (linear order)　→全順序

線形代数 (linear algebra)　24

全射 (surjection)　21

全順序 (total order)　29, 145

全単射 (bijection)　21

素イデアル (prime ideal)　114, 121

素因数 (prime factor)　40

素因数分解 (integer factorization)　16,
　40, 52

双射 (bijection)　→全単射

束 (lattice)　30

素元 (prime element)　121, 122

素数 (prime number)　40

素数判定法 (primality test)　51

組成列 (composition series)　36

素体 (prime field)　129

た　行

体 (field)　11, 106, 113, 115, 127

対称群 (symmetric group)　69, 70

対称律 (symmetry law)　25

代数学の基本定理 (fundamental theorem
　of algebra)　133

代数系 (algebraic system)　3, 6

代数的 (algebraic)　130

代数的拡大 (algebraic extension)　131

代数的数 (algebraic number)　17

代数的閉体 (algebraic closed field)　63,
　133

代数的閉包 (algebraic closure)　133

代表元 (representative element)　80

互いに素 (relatively prime)　16

多項式 (polynomial)　19, 55

多項式環 (polynomial ring)　141

単位群 (unit group)　76

単位元 (identity element)　8

単位的可換環 (unital commutative ring)
　10, 106

単位的環 (unital ring)　106

単元 (unit)　→可逆元

単元群 (unit group)　99

単項イデアル (principal ideal)　118

単項イデアル環 (principal ideal ring) 119

単項イデアル整域 (principal ideal domain)
　119, 122

単項式 (monimial)　141

単射 (injection)　21

単純拡大 (simple extension)　129

単純群 (simple group)　83

置換 (permutation)　69

置換群 (permutation group)　73

中間体 (intermediate field)　129

中国式剰余定理 (Chinese remainder the-
　orem)　47

超越数 (transcendental number)　17

超越的 (transcendental)　131, 132

直積 (direct product, Cartesian prod-
　uct)　4

直積分解 (direct product decomposition)
　93

直交行列 (orthogonal matrix)　67

定数 (constant)　56

同型写像 (isomorphism)　23

　束――　35

同型定理 (isomorphism theorem) 89–91

同値関係 (equivalence relation)　25, 28,
　79, 111

同値類 (equivalence class)　26, 111

同伴 (association)　120

特殊線形群 (special linear group)　67

特殊直交群 (special orthogonal group)

67
ド・モルガンの法則　→ de Morgan の法則

な 行

内算法 (operation)　5
2 項関係 (binary relation)　25
二面体群 (dihedral group)　75

は 行

倍元（倍数）(multiple)　15, 39, 120
ハッセ図　→ Hasse 図
半群 (semigroup)　9
反射律 (reflective law)　25
半順序関係 (partial order)　29, 30
反対称律 (antisymmetry law)　25
比較不能 (incomparable)　29
左イデアル (left ideal)　111
左剰余類 (left coset)　79
被約 Gröbner（グレブナー）基底 (reduced Gröbner basis)　152
標数 (characteristic)　127, 132
ブール束　→ Boole 束
フェルマーの小定理　→ Fermat の小定理
複素数体 (complex number field)　12, 18
部分環 (subring)　106
部分群 (subgroup)　66
部分集合 (subset)　3
部分束 (sublattice)　35
部分体 (subfield)　106, 128
分数群 (group of fractions)　101
分配束 (distributive lattice)　33
分配法則 (distributive law)　10
平方剰余 (quadratic residue)　53
平方非剰余 (quadratic non-residue)　53
べき (power)　68
べき等元 (idempotent element)　8
べき等法則 (idempotent law)　30

補元 (complement)　34
補集合 (complementary set)　3

ま 行

右イデアル (right ideal)　111
右剰余類 (right coset)　79
無限集合 (infinite set)　3
モジュラ束 (modular lattice)　32, 33
モノイド (monoid)　9

や 行

約元（約数）(divisor)　15, 39, 120
ユークリッド整域　→ Euclid 整域
ユークリッドの互除法　→ Euclid の互除法
有限群 (finite group)　66
有限集合 (finite set)　3
有限体 (finite field)　134
有理関数体 (rational function field)　142
有理数体 (rational number field)　12, 17
有理整数環 (rational integer ring)　12, 39
ユニタリ行列 (unitary matrix)　67

ら 行

両側イデアル (two-sided ideal)　111
両立 (compatible)　27
ルジャンドル記号　→ Legendre 記号
零因子 (zero divisor)　11, 108
零環 (zero ring)　107
零元 (zero element)　10
零多項式 (zero polynomial)　55

わ 行

和集合 (union)　4

東京大学工学教程

編纂委員会

大久保達也（委員長）
相　田　　　仁
浅　見　泰　司
北　森　武　彦
小　芦　雅　斗
佐久間一郎
関　村　直　人
高　田　毅　士
永　長　直　人
野　地　博　行
原　田　　　昇
藤　原　毅　夫
水　野　哲　孝
光　石　　　衛
吉　村　　　忍（幹　事）

数学編集委員会

永　長　直　人（主　査）
岩　田　　　覚
駒　木　文　保
竹　村　彰　通
室　田　一　雄

物理編集委員会

小　芦　雅　斗（主　査）
押　山　　　淳
小　野　　　靖
近　藤　高　志
高　木　　　周
高　木　英　典
田　中　雅　明
陳　　　　　昱
山　下　晃　一
渡　邉　　　聡

化学編集委員会

野　地　博　行（主　査）
加　藤　隆　史
菊　地　隆　司
高　井　まどか
野　崎　京　子
水　野　哲　孝
宮　山　　　勝
山　下　晃　一

2018 年 1 月

著者の現職

國廣　昇（くにひろ・のぼる）
東京大学大学院新領域創成科学研究科複雑理工学専攻　准教授

東京大学工学教程　基礎系　数学
代数学

平成 30 年 1 月 31 日　発　　　行
平成 31 年 4 月 15 日　第 2 刷発行

編　者　東京大学工学教程編纂委員会

著　者　國　廣　　昇

発行者　池　田　和　博

発行所　丸善出版株式会社
〒101-0051 東京都千代田区神田神保町二丁目17番
編集：電話 (03) 3512-3266／FAX (03) 3512-3272
営業：電話 (03) 3512-3256／FAX (03) 3512-3270
https://www.maruzen-publishing.co.jp

© The University of Tokyo, 2018

印刷・製本／三美印刷株式会社

ISBN 978-4-621-30275-0　C 3341　　　　Printed in Japan

JCOPY 〈(一社) 出版者著作権管理機構　委託出版物〉
本書の無断複写は著作権法上での例外を除き禁じられています．複写
される場合は，そのつど事前に，(一社) 出版者著作権管理機構（電話
03-5244-5088，FAX 03-5244-5089，e-mail : info@jcopy.or.jp）の許諾
を得てください．